短视频制作基础

孙贝琤 郝金亭 著

人民邮电出版社
北京

图书在版编目（CIP）数据

短视频制作基础 / 孙贝琤，郝金亭著. -- 北京 ：
人民邮电出版社，2024.10
ISBN 978-7-115-64079-6

Ⅰ. ①短… Ⅱ. ①孙… ②郝… Ⅲ. ①视频制作
Ⅳ. ①TN948.4

中国国家版本馆CIP数据核字(2024)第067006号

内 容 提 要

本书共 8 章，从短视频的基础知识和相关工具开始，以后期制作为主线，全面、系统地讲解如何使用软件制作短视频，并结合剪映与 Premiere 两种剪辑工具分别讲解如何进行短视频剪辑和处理，如何调色，如何添加特效、音频、字幕，如何导出视频。本书图文结合，通俗易懂，有助于读者轻松掌握短视频的制作方法。

本书适合广大短视频爱好者、短视频 App 用户与想要寻求突破的新媒体工作人员阅读。

◆ 著　　　孙贝琤　郝金亭
　责任编辑　谢晓芳
　责任印制　陈　犇
◆ 人民邮电出版社出版发行　　北京市丰台区成寿寺路 11 号
　邮编　100164　　电子邮件　315@ptpress.com.cn
　网址　https://www.ptpress.com.cn
　涿州市京南印刷厂印刷
◆ 开本：720×960　1/16
　印张：10.5　　　　　　　　2024 年 10 月第 1 版
　字数：141 千字　　　　　　2024 年 10 月河北第 1 次印刷

定价：39.90 元

读者服务热线：(010) 81055410　印装质量热线：(010) 81055316
反盗版热线：(010) 81055315
广告经营许可证：京东市监广登字 20170147 号

前 言

随着技术的发展和互联网的不断普及，抖音、快手等短视频平台日渐“火爆”，短视频也快速渗透人们的生活，成为记录生活、传播信息的重要方式之一。相对于传统的图文呈现方式，短视频更具吸引力，传播方式更有效。如今，制作短视频不再是少数专业人员的工作，越来越多的短视频爱好者希望能通过制作短视频记录自己的生活并与更多人分享。本书系统讲述短视频的制作方法，有助于读者成为优秀的内容创作者。

本书特点

本书具有以下两个特点。

- 内容实用。本书有助于解决初学者所面临的问题——短视频是什么，制作短视频需要使用什么工具，短视频制作的步骤是什么。本书展示如何实现短视频的剪辑、处理、调色，如何添加特效、音频、字幕，如何导出视频。
- 重视实操技术指导。本书提供综合案例，让读者能够快速上手，掌握短视频的制作方法。

内容框架

本书共8章，结合剪映和Premiere两种短视频剪辑工具详细讲解短视频的基础知识、剪辑、处理、调色、特效、音频、字幕等内容，以帮助读者掌握短视频制作技巧。

第1章介绍短视频的基础知识，帮助读者了解短视频及其平台的基本规则，选

择适合自己的剪辑工具。

第2章介绍在剪映和Premiere中对素材进行基本剪辑和调整的方法，帮助读者了解剪映和Premiere的使用方法。

第3章介绍颜色的基本属性，以及使用剪映和Premiere进行短视频调色的方法，帮助读者进行个性化调色。

第4章介绍添加特效的方法，帮助读者在制作短视频的过程中添加转场、动画等效果。

第5章介绍给短视频添加音频的方法，帮助读者用音频对短视频进行润色。

第6章介绍为短视频添加字幕的方法，帮助读者提高短视频的完整性，并提高短视频的整体效果。

第7章介绍导出短视频的方法，帮助读者轻松地导出短视频。

第8章通过讲解旅拍Vlog制作案例，帮助读者巩固短视频制作方法和技巧。

本书读者对象

本书适合广大短视频爱好者、短视频App用户和想要寻求突破的新媒体工作人员阅读。

孙贝琤　郝金亭

2024年5月

目 录

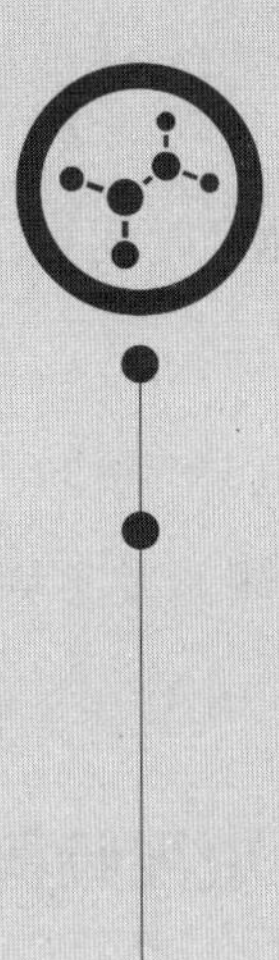

第 1 章
认识短视频

短视频即短片视频，是大众能够便捷地进行内容生产与传播的一种视频形态。随着移动端设备的普及和网络的提速，时间短、内容少、节奏快的视频越来越受到大众的喜爱。

本章将详细介绍短视频的基础知识，帮助读者快速了解短视频这一热门视频形式，为之后学习短视频的制作、剪辑与发布奠定良好的基础。

1.1 短视频概述

与传统视频不同，短视频具备快节奏、多类型、重创意、泛娱乐等特点，并融合了文字、图片、影像等信息类型。作为一种影音结合体，短视频能将用户的碎片化时间利用到极致，满足用户对娱乐和信息获取的需求。

本节通过介绍短视频的定义、短视频的特点和短视频行业，帮助读者快速了解短视频。

1.1.1 什么是短视频

短视频是指时长在几分钟甚至1 min以内的视频，它通常通过新媒体进行传播。现如今，短小、精悍的视频内容越来越受到各大平台、粉丝的青睐，成为一种热门的内容传播方式。这些视频适合在各种新媒体平台上高频推送，内容涵盖技能分享、幽默搞怪、时尚潮流、社会热点、街头采访、公益教育、广告创意、商业定制等。

1.1.2 短视频的特点

短视频能在很短的时间之内有这么快的发展，主要因它具有以下6个特点。

- 视频时长短。短视频的时长比传统电视节目的短，大部分在5 min以内，有的甚至只有5～10 s。短视频的整体节奏较快，内容紧凑。
- 制作门槛低。以前制作一个节目需要团队分工合作，个人难以完成，但短视频的出现降低了视频的制作门槛。一个短视频创作者只需要一部手机即可完成短视频的拍摄和剪辑，并且随时可将其上传到短视频平台。

- 富有个性。制作门槛低促使短视频的展现形式更加多元，内容也更广泛，能够满足用户的好奇心理。短视频创作者可以通过不同的创作手法，创作出独一无二的短视频风格，获得大众的喜爱。
- 传播速度快、范围广。各大短视频平台互相关联，可以互相进行分享。同时，使用平台的好友机制可以将所创作的视频裂变式地分享给更多人。
- 观点明确，内容集中。短视频时长短的特点促使短视频创作者在很短的时间内将观点明确、集中地表现出来，符合大众所追求的快速、平面、短小的信息接收特点。因此，短视频所展现的内容大多比较集中且言简意赅。
- 目标用户明确，商业效应强。现在的短视频推送与大数据紧密关联，使用大数据可以快速了解用户的审美偏好和购买侧重，同时将不同类型的短视频准确地推送给对应的人群，所以商家也开始通过短视频进行营销，精准地将产品推送给有购买意向的用户。

1.1.3 关于短视频行业

我国短视频行业萌芽于2011年，平台包括快手、微视、美拍等。2016年抖音“横空出世”，成功引起了大众的注意。随着移动互联网的发展和技术的不断进步，短视频在短时间内迅速火爆，微信、微博、小红书等平台也增加了短视频的功能，提高了短视频对大众生活的渗透率。短短10余年，短视频行业经历了“从无到有”的增量市场和“从多到优”的存量市场的转变，用户规模迅速扩大。

在用户规模不断扩大的同时，短视频平台也在寻找更加丰富、深层次的商业化变现模式，助力短视频与直播、媒体等其他媒介的跨界发展，推动市场进一步扩大。

目前，短视频行业以抖音、快手为主，其他平台也在寻求突破和创新。例如，

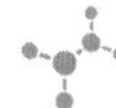

西瓜视频与今日头条等资讯类平台联动，以视频内容作为主打优势；哔哩哔哩利用独特的社区氛围和兴趣偏好，增强用户黏性；微视与微信、QQ 深度整合，构建社交生态，扩大视频传播范围。

1.2 短视频的制作流程

如今，短视频已经融入人们的日常生活，成为人们记录并分享生活的重要工具。无论是出于个人兴趣还是商业营销的需要，短视频制作都是十分重要的技能。

本节整理了 4 个有关短视频制作流程的技术要点，包括撰写脚本、拍摄素材、剪辑包装、上传并发布，如图 1-1 所示，引领读者进一步认识短视频。

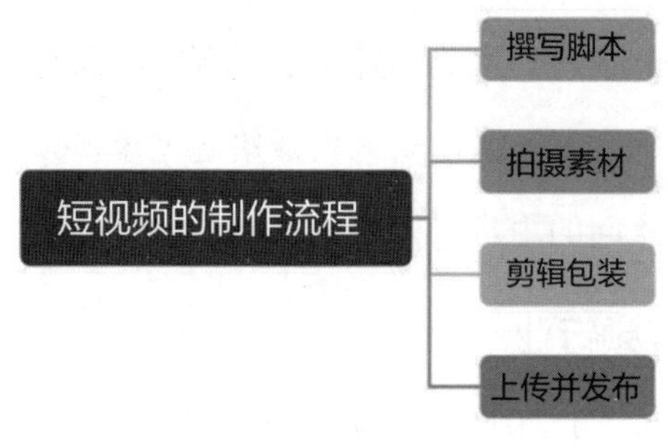

图1-1

1.2.1 撰写脚本

脚本通常是指拍摄电影时所依据的底本，短视频脚本则是短视频内容的发展大纲，它的目的是为后续的拍摄、剪辑等工作提供流程指导。后文的脚本均指短视频脚本。

一个好的脚本首先要有清晰的框架，搭建好框架后再填充内容。另外，还要确认通过什么样的内容及表现方式展现短视频的主题。例如，给短视频分段，确定每个分段对应的内容和情绪，这样更加便于拍摄；要有明确的主题，整个短视频脚本都要围绕这个主题，不要模棱两可；要有符合主题的场景设置；有合适的音乐，音乐的选择也是脚本的一部分，合适的音乐能提升整个短视频给人的视听体验；注意分镜头脚本撰写，在前期构思时，就要有大致思路，如加入具象的分镜画面。将这些提前想好才能保证拍摄的顺利开展。

常规脚本的撰写通常包含拍摄主题、拍摄时间、拍摄地点、导演（拍摄人）、镜头编号（镜号）、景别（不同画面大小）、画面内容、运镜、字幕、音效、机位、时间、备注（对视频画面的额外要求）等，如图 1-2 所示。

短视频拍摄脚本

拍摄主题	职场生活	拍摄时间	20XX 年 12 月 10 日
拍摄地点	某某写字楼	导演	张三

镜号	景别	画面内容	运镜	字幕	音效	机位	时间/s	备注
1	全景	写字楼匆忙来往的上班族	摇	无	说话声、车流声	正前方	3	–
2	近景	在公司前台，员工上班打卡、签到	定	假期前最后一天	无	正前方	2	–
3	中景	在公司办公区域，女主角正在整理文件	推	无	无	仰拍	3	–
⋮	⋮	⋮	⋮	⋮	⋮	⋮	⋮	⋮

图1-2

1.2.2 拍摄素材

写好脚本后，就可以使用移动设备拍摄短视频所需的素材了，如图 1-3 所示。拍摄的目的是根据脚本，将需要的画面记录下来，为后续的剪辑工作奠定基础。

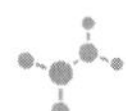

图1-3

使用移动设备进行拍摄的基本步骤依次是观察、取景构图、调焦、测光、按下快门、再次观察。

一个好的视频拍摄过程要注意以下几个方面。

- 拍摄方法要得当。拍摄方法分为定点拍摄、推镜头拍摄、拉镜头拍摄、摇镜头拍摄、移镜头拍摄（也称定点、推、拉、摇、移）等。其中定点拍摄为常用的方法，每个视频中，90% 的画面采用定点拍摄。推、拉、摇、移等拍摄一般用脚架、轨道等辅助拍摄工具来保持画面的稳定。
- 拍摄景别要全面。每个场景的拍摄有远景、全景、中景、近景、特写的变化，可以根据短视频的内容对不同的景别进行拍摄。其中，近景和特写能较完整地反映出拍摄对象的特征，所以尽量不要缺少这两种景别。
- 拍摄位置要选好。若要拍摄的是人物，正对面为最佳拍摄位。拍摄时要变换角度、方位、距离，这样拍摄出来的视频画面才丰富。
- 拍摄对象要明确。要充分体现拍摄对象的美感，让观众能感觉出拍摄的是什么东西，要表现什么内容，让拍摄对象一入镜就能被观众注意到。
- 拍摄时长要适当。每个镜头都保持 7 ～ 10 s，后期还要剪掉开拍和停止时的抖动画面，故可用素材的时长要有 5 s 左右。
- 拍摄画面要稳定。视频拍摄过程中保持画面稳定是基本的要求，最好就像瞄靶一样一点儿抖动都没有。拍摄新手在拍摄时多少都会有些抖动，需要多拍摄、多练习，如果需要非常稳定的画面，也可以带上三脚架来进行辅助拍摄。

1.2.3 剪辑包装

对于短视频而言，剪辑包装是不可或缺的重要环节。剪辑包装是指将收集或拍摄好的视频、音频、图片等素材，根据脚本或主题通过视频剪辑软件进行编辑、创作，通过切割、合并、重组、二次编码等操作生成一个含义明确、主题鲜明并有艺术感染力的作品的过程。剪辑包装的目的是准确、鲜明地体现视频的主题思想，同时确保视频的结构严谨、节奏明快。

一个好的剪辑包装不仅要让视频画面的每个连接都过渡自然（这也是视频剪辑基本的要点），还要让视频内容完整和表述流畅。在对短视频进行剪辑包装时，不仅要保证素材之间有较强的关联性，还应该注意一些细节，如添加字幕，帮助观众理解视频内容；添加背景音乐，用于渲染视频氛围；添加特效，用于营造良好的视频画面效果，吸引更多观众观看。一般一个成品视频的源文件在 Premiere 的轨道中包含视频、音乐、旁白和字幕等，如图 1-4 所示。

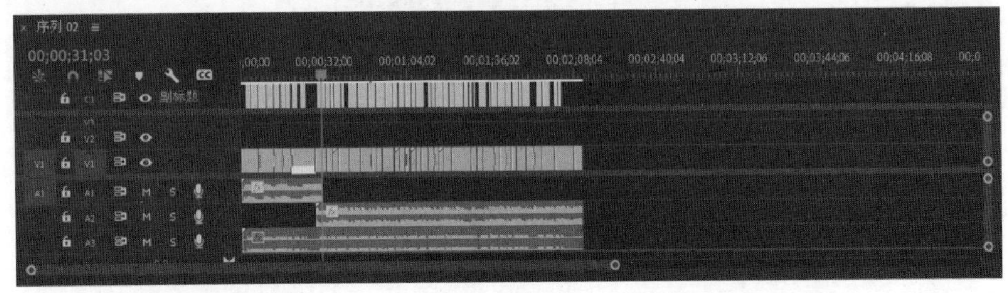

图1-4

1.2.4 上传并发布

将制作好的短视频传送至互联网上的服务器，向外界传递信息，这一过程称为上传并发布，目的是使制作好的短视频公开发布在互联网上。

可以上传并发布短视频的平台众多，操作方法比较简单。以抖音为例，选择需要发布的短视频或即时拍摄视频，经过编辑和发布的自定义设置后，单击发布界面中的“发布”按钮，如图1-5所示，就可以将短视频上传并发布到抖音平台上。选择适宜的上传时间和发布平台可以使短视频获得更多的流量。

图1-5

1.3 短视频的发布平台

拍摄好短视频后，短视频创作者如果想让作品更广泛地传播出去，就需要把短视频发布到互联网的各个平台上。如今，短视频的发布平台有很多，选择多个平台同时投放不仅会降低单一账号的风险，还有机会获得更多收益。

本节将依次介绍抖音、快手、哔哩哔哩和小红书这4个热度较高的短视频发布平台。了解不同平台的核心竞争力和主要受众群体，并加以有效利用，可以更好地增加短视频的曝光度和播放量，从而带来更大的收益。

1.3.1 抖音

抖音是字节跳动“孵化”的一款音乐创意短视频社交软件，于2016年9月20日上线，其图标如图1-6所示。用户可以通过这款软件选择歌曲并拍摄视频以形成自己的作品。抖音是目前最受欢迎的短视频社交平台之一。抖音平台整体偏向泛娱乐和泛生活，包括演绎、搞笑、颜值、舞蹈、日常、旅行、家庭等主题。

图1-6

1. 平台特点

抖音主要的特点是个性化推荐。抖音会给用户和创作者分别打上类型标签，并将不同类型的创作者精准推荐给相应用户人群。这种个性化推荐更注重完播率、点赞、评论、关注等数据。

2. 主要用户人群

截至2023年年底，抖音的用户数量超过了数十亿。其中，抖音用户年龄分布较广，主要集中在18～35岁；地区分布以一线和二线城市为主，近几年也逐渐向三线和四线城市渗透；男女比例相对比较均衡。

3. 视频上传要求

抖音对视频上传的尺寸和分辨率没有固定要求，一般使用9∶16的宽高比（竖屏模式下），而分辨率主要有4个，分别是1920×1080像素、1280×720像素、854×480像素和640×360像素[①]。其中，1920×1080像素为高清分辨率，其他3个则属于标清分辨率，分辨率越高，视频越清晰。

① 这4个分辨率分别简称为1080P、720P、480P和360P。

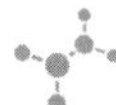

4. 创作者服务平台与变现

抖音推出了创作者服务平台，旨在帮助创作者更好地管理内容并与受众互动，如图 1-7 所示。另外，抖音推出了分成机制，即创作者可按照视频播放量获得相应的分成；平台还会针对部分优质内容推出不同的激励政策，以激发创作者的创新能力和创作激情。抖音的收益分成还包括广告分成和虚拟礼物分成。广告分成是指在视频中插入广告，主播可以获得广告收益的一部分。虚拟礼物分成是指观众通过购买虚拟礼物来支持主播，抖音会将获得的收益分给主播。

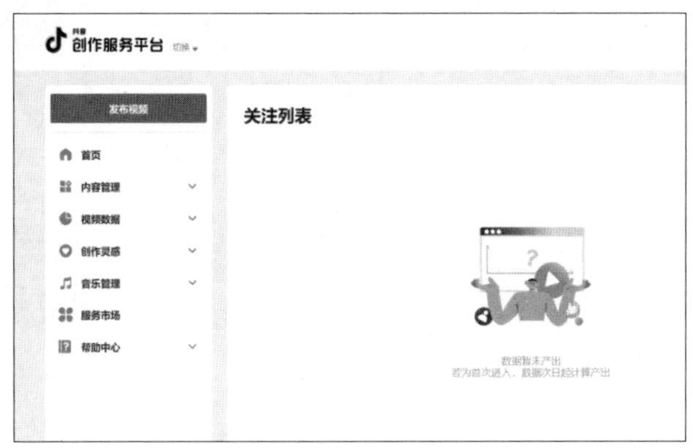

图1-7

1.3.2 快手

快手的前身是“GIF 快手”，诞生于 2011 年 3 月，最初是一款用来制作、分享 GIF（Graphics Interchange Format，图像交换格式）图片的手机应用程序。2012 年 11 月，快手从纯粹的工具型应用程序转型为短视频社区，其图标如图 1-8 所示。

图1-8

1. 平台特点

快手用户可以在平台上分享自己的生活点滴，与其他用户互动。快手发源于下沉市场，分享的内容比较真实、接地气。

快手的流量推荐方式比较简单，基本上根据关注、停留时间的标签类型和同城进行推送，粉丝黏性较强，私域氛围浓郁。

2. 主要用户人群

快手的用户人群与抖音的有所重合，也以年轻用户为主要用户人群。用户地区分布则以三线和四线城市为主。

3. 视频上传要求

抖音和快手的短视频文件格式规定是 MP4。对于全屏视频文件，宽高比为 16∶9，视频码率不低于 516 kbit/s，视频不超过 1000 MB，屏幕分辨率不低于 1280 × 720 像素，时间不短于 4 s。对于竖屏视频文件，宽高比为 9∶16，时间不短于 4 s。

4. 创作者服务平台与变现

快手创作者服务平台是一个为创作者提供一站式服务的平台，如图 1-9 所示，旨在帮助创作者更好地管理和运营他们的账号。该平台提供了许多工具和资源，包括内容分发、数据分析和社区管理等，旨在协助创作者获得更多曝光量和粉丝，从而实现商业化变现。快手通过“快手黄金篮子”为用户提供内容创作的分成激励机制，按月结算，比例高达 80%；同时，快手还会邀请优秀创作者入驻官方工作室，并提供创作资源和更多的激励。

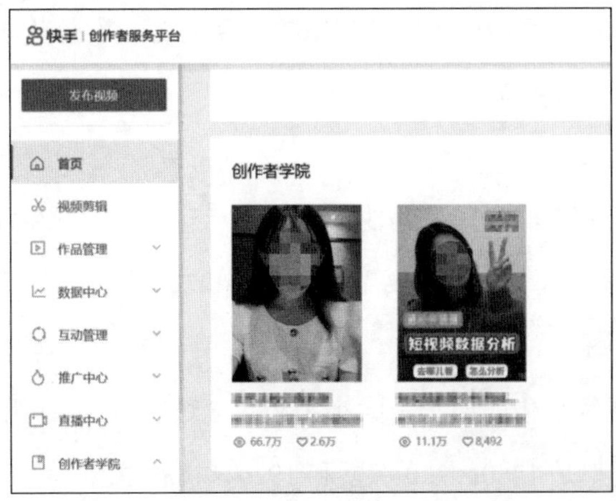

图1-9

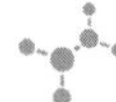

1.3.3 哔哩哔哩

哔哩哔哩的英文名称为 bilibili，简称 B 站，其图标如图 1-10 所示。哔哩哔哩现为我国年轻人高度聚集的文化社区和视频平台，该网站于 2009 年 6 月 26 日创建，是一个用于动画、漫画、游戏内容创作与分享的视频网站。经过 10 多年的发展，哔哩哔哩围绕用户、创作者和内容，构建了一个源源不断产生优质内容的生态系统。

图1-10

1. 平台特点

哔哩哔哩以 PUGC（Professional User Generated Content，专业用户生产内容）视频为主，以动漫、舞蹈、美妆、美食、游戏为主要发布类型，且以兴趣爱好与共同观点作为用户和 KOL（Key Opinion Leader，关键意见领袖）的连接，粉丝黏性强。

哔哩哔哩的流量推荐由视频质量和视频热度决定，数据来源包括分享、投币、弹幕、评论、点赞、完播率等。

2. 主要用户人群

哔哩哔哩的用户人群相较于其他平台更加年轻，以中学生和大学生为主，平均年龄不超过 29 岁，而且用户主要聚集在一线和二线城市。

3. 视频上传要求

哔哩哔哩对视频上传的要求是大小不超过 8 GB，推荐使用 FLV 格式和 MP4 格式，常用的分辨率是 1280×720 像素和 1920×1080 像素。

4. 创作者服务平台与变现

哔哩哔哩中的创作者服务平台（即“创作中心”）是UP主（上传者，即创作者）进行投稿及作品管理的功能区，如图1-11所示。在哔哩哔哩，创作者可以进行视频投稿、专栏投稿、互动视频投稿、音频投稿和贴纸投稿等。投稿成功后，创作者可以在创作中心查看视频数据，并对视频的评论和弹幕进行管理。

哔哩哔哩的收益模式比较多样化，主要包括创作激励、花火计划、充电计划和悬赏计划。创作激励是指创作者通过发布视频、专栏稿件和音乐素材等获得平台奖励，这个收益和创作的内容价值、受欢迎程度和内容垂直度等有关系；花火计划是指创作者可以与哔哩哔哩官方进行对接，邀约广告，获取分成；充电计划即平台提供的在线打赏功能；而悬赏计划就是指创作者可以通过在视频下方挂广告的方式获得收益。

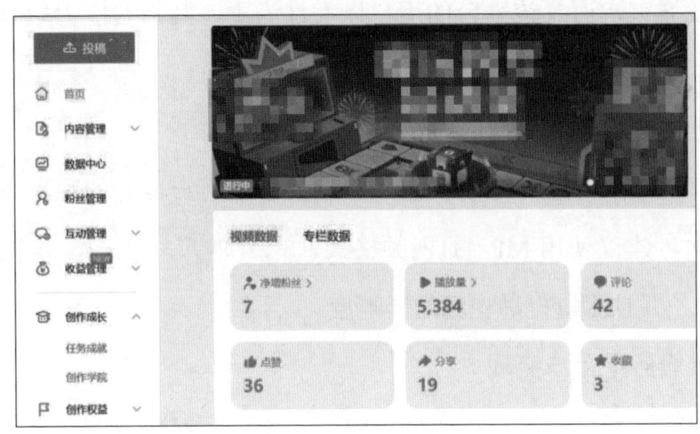

图1-11

1.3.4 小红书

小红书是一款基于社区的分享生活的平台，于2013年创立，其图标如图1-12所示。小红书以“Inspire Lives 分享和发现世界的精彩”为使命，用户可以通过短视频、图文等形式记录生活点滴，分享生活方式，并基于兴趣形成互动。

图1-12

1. 平台特点

小红书以社区为形式，也是国内较早经营社区电商的平台之一，经过多年的发展，其经营模式成熟且稳定，其受众也相对稳定。目前，小红书的视频以彩妆、护肤、育儿、旅行、家装家居等为主，而且“种草”能力强，比较易于使创作者实现变现。

小红书的流量推荐方式以标签匹配和关系链推荐为主。当内容发布后，平台会根据标题、正文、图片、视频等，智能地为内容打上对应的标签，之后将其推送给选择了相关标签的用户，进行精准匹配。关系链推荐与抖音相似，根据点赞、收藏、评论、关注等对发布内容进行打分，再进行二次推荐。

2. 主要用户人群

小红书的用户人群以 90 后和 00 后为主，年龄在 20 ～ 35 岁，用户大多集中在一线和二线城市，而且该平台的用户以女性为主，其消费能力较强，易形成超精准流量池。

3. 视频上传要求

小红书对视频上传没有过多要求，但是为了给用户良好的观看体验，并提高视频的播放率，建议使用 MP4 的视频格式、3∶4 的尺寸比例，将视频时间控制在 2 min 以内，并且尽量提高视频的清晰度。

4. 创作者服务平台与变现

小红书的创作者服务平台（即创作中心）是官方为助力小红书创作者更好地进行内容创作所打造的平台。创作中心为创作者提供数据分析模块、创作学院、笔记灵感、专属帮助中心和公告中心等服务工具，如图 1-13 所示。通过创作中心的数据看板，创作者可以直观地看到笔记详细数据、粉丝数据，帮助创作者优化作品内容和节奏。

小红书官方提供了广告合作的平台——蒲公英平台。商家可在平台中自行挑选合适的博主或 MCN（Multi-Channel Network，多频道网络）机构进行合作，可以根据账号垂直情况、博主人设、粉丝数据、信用情况等进行筛选。博主也可以通过后台内的“招募合作”，根据品牌需要主动报名参与合作。

另外，小红书的变现方法还包括“时尚星火计划”、专栏和店铺。“时尚星火计划”为时尚商家和主播提供百亿流量扶持，使其可根据账号的定位和粉丝的画像，选择合适的商品进行带货，赚取商品的佣金；专栏主要针对知识类博主，一般需要有相应的课程产品，通过开通专栏变现；而店铺主要通过笔记内容引流，引导用户进店购买产品，从而实现变现。

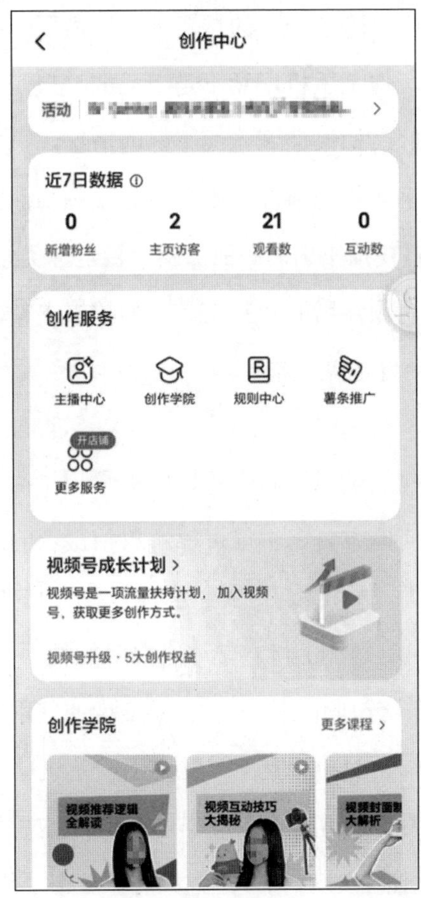

图1-13

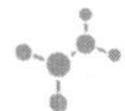

1.4 制作短视频的常用工具

制作一个可以发布到平台上的短视频一般有前期拍摄和后期剪辑加工两个步骤，而在进行这两个步骤时往往需要借助一些工具来让视频达到更好的效果。本节结合视频制作的两个步骤，分别介绍常用的辅助拍摄工具和剪辑工具，帮助读者在实践时能选择合适的工具，制作出更好的视频。

1.4.1 辅助拍摄工具

在拍摄视频的过程中，除了一定的技巧外，还需要一些拍摄辅助工具。因为使用手机拍摄虽然便捷，但是手机毕竟不是专业的拍摄工具，有不足之处。如拍摄像素低，拍摄效果不好；如果遇到光线不好的情况，拍出来的视频容易出现噪点；如果在拍摄时出现手颤抖的情况，则会造成视频画面抖动，影响最终的视频效果。辅助拍摄工具可以使拍摄出的画面清晰、稳定，优化拍摄效果。

本节将介绍拍摄短视频常用的一些工具，如拍摄支架、手机云台、补光灯和音频设备，帮助拍摄者更好地完成拍摄。

1. 拍摄支架

拍摄支架是拍摄短视频时用于固定手机的工具。在拍摄时，使用拍摄支架可以将手机固定在几乎任何地方。它不仅可以解放拍摄者的双手，还可以避免镜头晃动，使拍摄的画面清晰、稳定。在拍摄视频时，不同的应用场景需要使用不同的拍摄支架。现在在短视频拍摄中，有两种常用的拍摄支架，分别是三脚架和“八爪鱼”支架。接下来，分别介绍这两种拍摄支架的使用场景和使用方式。

三脚架是一种比较常见的拍摄支架，常用于固定机位的拍摄，也适用于拍摄大场景和延时摄影，如图 1-14 所示。它可以很好地稳定手机，并能帮助拍摄者更好地完成一些镜头的平稳推拉。在拍摄短视频时，若需要固定镜头，完成多角度、多画面、多场景的拍摄，就可以用到三脚架。

“八爪鱼”支架的使用场景更加广泛，如图 1-15 所示。这种支架因其特殊的材质和造型，可以随意变换形态，用于各种环境下的拍摄。它可以固定在窗口、栏杆上，从而快速且灵活地获得不同的镜头视角。在拍摄短视频时，若一些镜头角度过于“刁钻”，无法使用三脚架实现，就可以用“八爪鱼”支架。

图1-14

图1-15

2. 手机云台

手机云台是固定手机的设备，对拍摄的稳定性起着至关重要的作用，如图 1-16 所示。随着短视频的火爆，传统的拍摄支架已经不能满足创作者的需求，手机云台应运而生。它与普通支架的区别在于，手机云台的稳定性更强，使用方法更加灵活，可以自动调整角度拍摄。即使手机处于运动状态，拍摄出的画面也可以保持稳定。在拍摄短视频时，常常需要拍摄移动中的画面，使用手机云台能使拍摄出来的画面效果更好。

图1-16

3. 补光灯

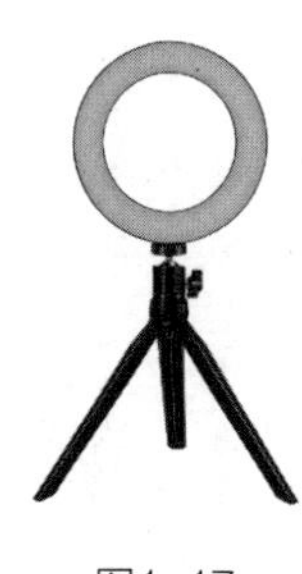

图1-17

补光灯是用来对某些缺乏光照的物品进行灯光补偿的一种灯具，如图 1-17 所示。在室内或者光照环境比较复杂的情况下，需要一些辅助光源，使视频的画面更加清晰、明亮。补光灯的光线比较柔和，使用补光灯进行拍摄，可以有效地提亮周围的拍摄环境或人物肤色，同时还具备柔光效果。在拍摄短视频人物特写时，可以使用补光灯对面部进行打光。

4. 音频设备

音频设备是在视频拍摄中用于收音的一种装置。在视频拍摄中，声音与画面同等重要。除了清晰、稳定的画面之外，视频的音质也会影响到视频质量。当在户外拍摄时，如果只用手机的传声器收音，音质难以得到保证，需要一些音频设备来辅助收音。接下来，介绍几种常用于拍摄视频的音频设备。

外接传声器（microphone）收音的效果较好，抗杂音，而且便携易带。外接传声器一般分为通话型传声器和枪型传声器。通话型传声器适合近距离收音，一般适用于主持或采访；而枪型传声器收音范围较广，可以捕捉到更广泛的声音，适合在户外录制时使用。

无线传声器一般与领夹传声器相互搭配使用，如图 1-18 所示，其体积小，重量轻，比较适合用于同期录音、户外采访等场景，但使用时要注意信号的稳定性以及续航时间。

图1-18

录音笔也属于音频设备的一种，它凭借轻巧、便捷、能独立使用的特点受到视频制作者的喜爱。现在市面上录音笔的功能不断更新迭代，可以录制高品质音频，且在录制后自动将音频转为文字，提高视频制作的效率。录音笔比较适合用在采访这类场景中。

1.4.2 剪辑工具

视频拍摄完成后，若需要对视频素材进行美化加工，就要用到视频剪辑工具，即剪辑软件。目前市面上流行的剪辑软件有很多，如剪映、必剪、Premiere、After Effects 等。移动端较受欢迎的剪辑软件是剪映，原因是其功能齐全且操作简单，适合初学者使用，能满足短视频创作者的绝大多数需求；而计算机端较经典的剪辑软件是 Premiere，它的特点是功能强大，但操作较复杂，适合短视频创作的专业团队使用。

本节将详细介绍剪映和 Premiere 这两款常用的剪辑软件。使用软件进行剪辑能使作品更加完整，从而易被大众接受并喜爱。

1. 剪映

剪映是抖音官方推出的一款视频剪辑软件，主要面向移动终端的日常分享用户。它具有多种剪辑功能，支持变速、滤镜效果，并提供丰富的曲库资源，其图标如图 1-19 所示。

图1-19

剪映入门简单，能够满足大多数短视频平台中常见的剪辑要求。同时，剪映集合了同类 App 的很多优点，功能齐全且操作灵活，可以在手机上完成一些比较复杂的短视频剪辑操作。它具有以下几个特点。

- 模板较多。剪映中的模板比较多，且更新较快，除了当前的热门模板外，还有与节日有关的模板，而且使用方法非常简单，适合新手操作。
- 音乐丰富。剪映提供了抖音热门歌曲、Vlog 配乐和各种风格的音效，用户可以在试听之后选择使用。
- 自动踩点。剪映具备自动踩点功能，可以自动根据音乐的节拍和旋律对视频进行踩点标记，用户可根据这些标记来剪辑视频。

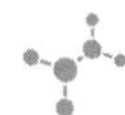

- 自动添加字幕。剪映支持手动添加字幕和语音自动转字幕功能，并且语音自动转字幕功能完全免费。可以为字幕中的文字设置样式、动画。另外，剪辑中的文字层也支持叠加，关闭“文本”选项后这些文字层会自动隐藏，不会影响视频的剪辑工作。

总的来说，剪映适合剪辑新手，免费的功能多，操作方法简单；还支持识别音频文字，一键生成视频字幕；自带的模板、滤镜、特效很多，可以一键成片，但不能完成更专业的视频剪辑操作。

剪映提供了多种拍摄或剪辑的常用功能，熟练使用这些功能可以使原始素材精细化，使视频更具有表现力，从而打磨出优秀的短视频内容。在剪映中有5个常用功能，分别是“剪辑”“音频”“文本”“滤镜”“调节”。

2. Premiere

Premiere是Adobe公司推出的一款视频剪辑软件，主要面向计算机端的专业剪辑用户，如图1-20所示。Premiere是一款画面编辑质量很高的软件，兼容性强，可以与Adobe公司推出的其他软件相互协作，被广泛应用于广告制作、电视节目制作中。

图1-20

Premiere的功能强大且齐全，在Premiere中，用户可以“随心所欲”地对各种视频素材进行编辑，包括添加音频、制作在网页上播放的动画、转换视频格式等。但它的缺点是初学者上手比较慢，需要学习专业的技能和经验。对于需要学习和使用短视频剪辑软件的短视频达人与团队来说，Premiere 是很好的选择。这款软件具有以下几个特点。

- 支持实时采集视频和音频。配合计算机上使用的视频卡，Premiere 可以对模拟视频和音频信号进行实时采集，可以按照一定倍速采集磁带上的数字视频和音频，在采集过程中，可以对视频和音频信号进行调整和修补。
- 具有较强的兼容性。Premiere 可以支持多种文件格式，如 JPG 和 WAV 等，从而方便与其他软件相互配合使用。Premiere 与 Adobe 公司的其他软件一样，也支持第三方插件，使其可以具有更多的操作功能。
- 支持画面叠加和字幕制作。Premiere 提供的多重叠加方式可用于实现多层画面的同屏显示；Premiere 提供的字幕制作窗口与操作系统采用相同的界面，从而使操作变得十分方便。另外，在 Premiere 中不仅可以制作文字字幕，还可以制作图形字幕。
- 支持非线性编辑和后期处理。Premiere 支持多达 99 条的视频和音频轨道，而且还可以精确至帧，便于同步编辑视频和音频。另外，Premiere 提供了几十种过渡效果和特效，并且可以设置素材的运动方式，从而实现许多传统设备中无法实现的视频剪辑效果。

大多中长视频或者影视后期创作的操作较难。为了实现复杂的后期制作，要掌握剪辑节奏。Premiere 一般用于专业创作。

如果用户只想做短且简单的视频，可以选择剪映；如果想要进行更深入的学习，制作更复杂的视频，可以选择 Premiere。Premiere 与剪映相比的优势就是可以承担更复杂的剪辑工作。

Premiere 提供了强大的视频剪辑功能，不仅可用于调整视频的前后顺序、添加字幕，还可用于给视频添加特效，渲染氛围，使短视频更加精美。Premiere 中有 6 个常用功能，分别是“剪辑”“添加字幕”“制作画中画”“调色”“添加特效”“添加切换效果”。

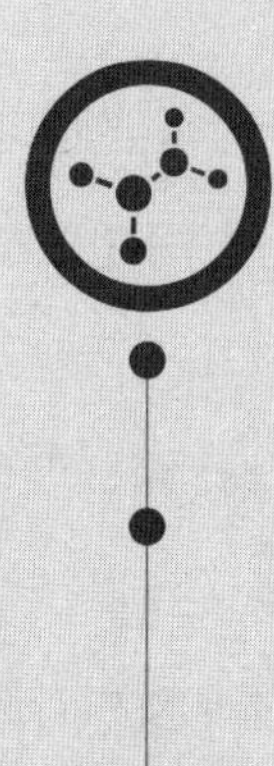

第 2 章

剪辑与处理——搭建短视频的框架

在做好制作短视频的前期准备并拍摄完视频素材后，就可以进入剪辑与处理的阶段。短视频的剪辑与处理是对原始素材进行简单的处理，即导入、分割素材，保留需要的内容，并按照脚本的顺序拼接，形成一个初步的、连贯的视频。

本章将分别讲解使用剪映和 Premiere 进行剪辑与处理的方法，读者可以学习使用这两个软件剪辑视频的方法，以及如何搭建短视频的框架。

2.1 剪映中的剪辑与处理

在剪映中，视频的剪辑与处理方式简单。本节将从剪映的基本操作、调整视频片段及调整视频画面 3 个角度讲解剪映中视频剪辑与处理的方法。

2.1.1 界面概述

打开剪映后即可进入主界面，在“本地草稿”下面，默认选择“剪辑”选项卡，如图 2-1 所示。

在“剪辑”选项卡中，可以选择一些快捷操作和日常功能，单击“展开”按钮，如图 2-2 所示，可以展示出剪映的全部快捷操作，如一键成片、图文成片、创作脚本等；也可以单击“开始创作”按钮，选择素材，进入剪辑界面；“本地草稿”中存储了以往的素材剪辑历史，方便随时继续编辑。

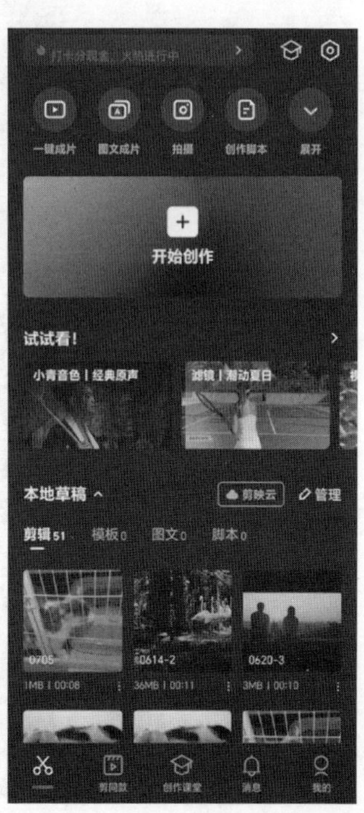

图2-1

图2-2

导入素材后会进入剪辑界面，该界面从上到下分别包含导出设置及导出、监视器、时间轴和工具栏等区域，如图 2-3 所示。

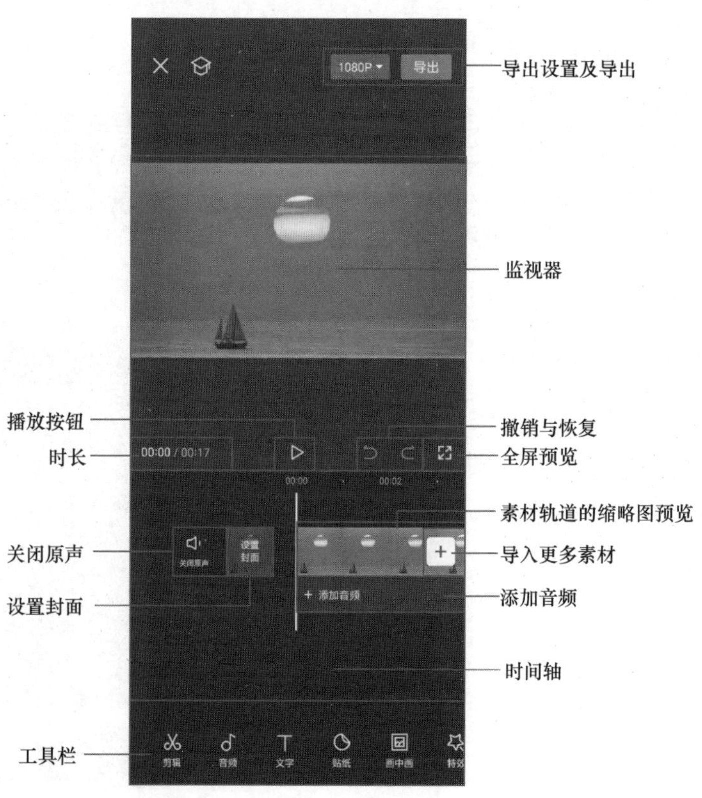

图2-3

监视器区域用于播放、撤销、恢复、全屏预览等，预览时会播放时间轴中的素材画面。

时间轴用于素材轨道的缩略图预览、关闭原声、设置封面和导入更多素材等，通过移动时间轴上的素材，就可以在监视器上看到实时的素材画面，也可以通过单击下方的“添加音频”按钮快速导入需要的音频。

工具栏中有剪映所包含的所有工具，包括剪辑、音频、文本、贴纸等，每展开一个一级工具栏进入二级工具栏后，会有更多的功能展现出来。

2.1.2 剪映的基本操作

本节主要讲解使用剪映进行素材处理的基本操作，主要涉及素材的导入、删除、分割、替换和复制。学会这些操作即可对素材进行简单处理。

1. 导入素材

在剪映中，想要剪辑一个素材，首先要将这个素材导入。

导入素材的操作方法如下。

打开剪映，如图2-4所示，单击“开始创作”按钮。

在“剪辑”选项卡中，选择需要剪辑的素材，单击“添加”按钮，即可成功导入该素材。如果想在该素材后继续添加其他素材片段，可以单击轨道旁边的“+”按钮，继续添加所需的素材，如图2-5所示。

图2-4

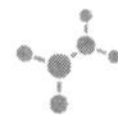

图2-5

2. 删除素材

删除素材就是把视频中不想要的素材清除。选择想要删除的素材，单击工具栏中的“删除”按钮即可。

3. 分割素材

分割素材就是将完整的素材切割，分成多段素材。分割常与其他操作结合使用，通过素材分割、调整顺序和拼接可以对素材进行简单处理。如果在删除视频时只想删除视频的一部分，如所拍摄视频的开头和结尾部分，就可以先分割素材，然后进行删除。对视频素材进行分割的操作方法如下。

导入素材后，单击“剪辑”按钮，将时间轴拖到想要分割的位置（如 9.6 s 和 6.1 s），单击“分割”按钮，即可分割素材，如图 2-6 和图 2-7 所示。

4. 替换素材

替换素材就是将一段素材替换为另一段素材。例如，在进行视频剪辑时，若发现另一段素材的效果更好，可以使用替换功能快速进行素材替换。

替换素材的方法如下。

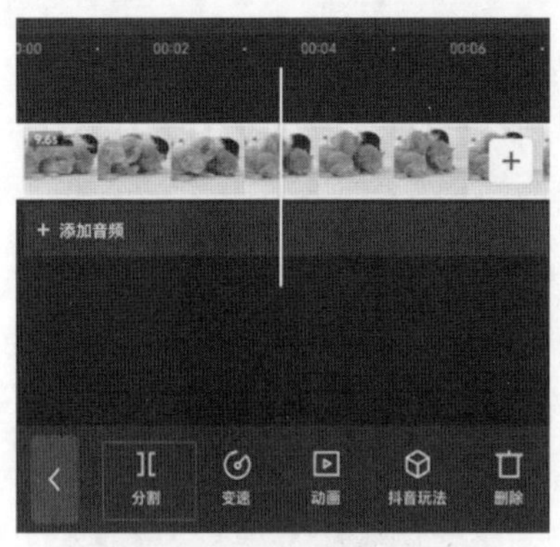

图2-6

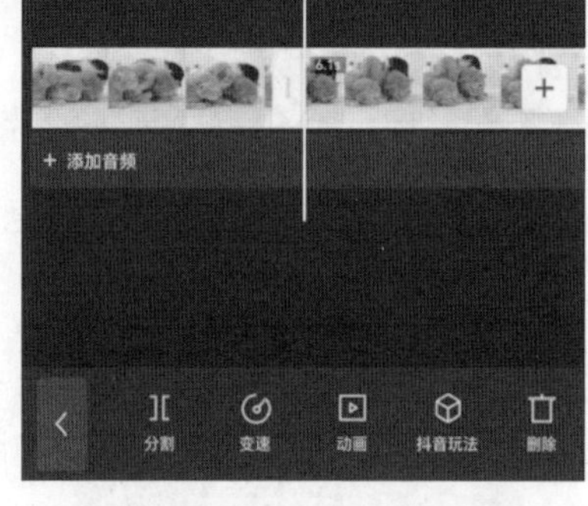

图2-7

导入素材后，选中需要替换的片段，在“剪辑”选项卡中，单击“替换”按钮，如图 2-8 所示。在弹出的界面中，在相册中选择想要替换的素材，即可替换成功，如图 2-9 所示。

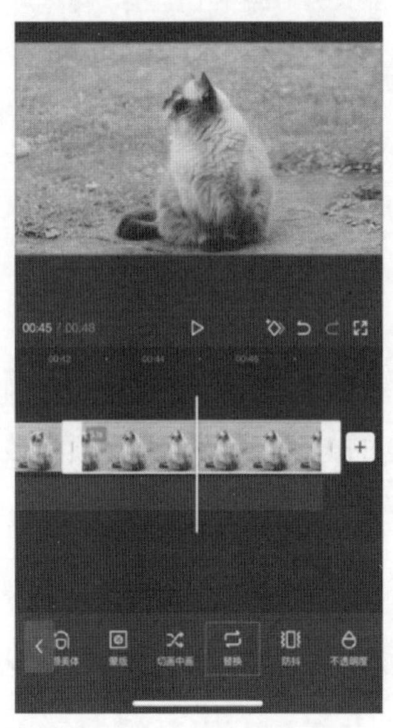

图2-8

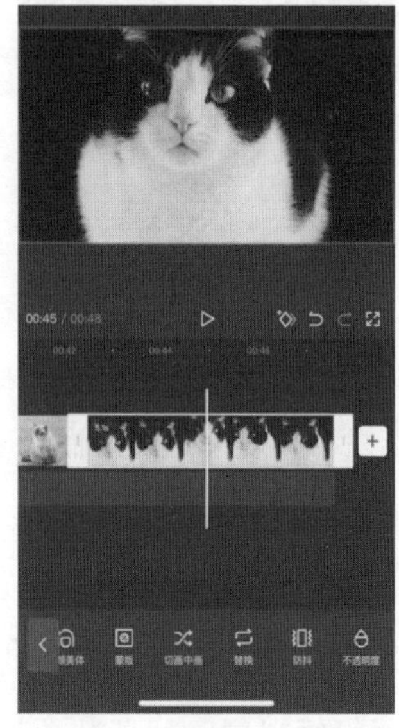

图2-9

5. 复制素材

复制素材就是将所需的素材额外制作一份或多份，这样的操作能够使该素材反复出现。例如，在剪辑视频时，想要在片头和片尾添加同一个素材，就可以使

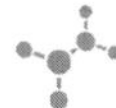

用复制功能。

复制素材的方法如下。

导入素材后，找到需要复制的片段并选中，如图 2-10 所示。在“剪辑”选项卡中，单击“复制”按钮，即可快速复制选中的片段，如图 2-11 所示。

图2-10

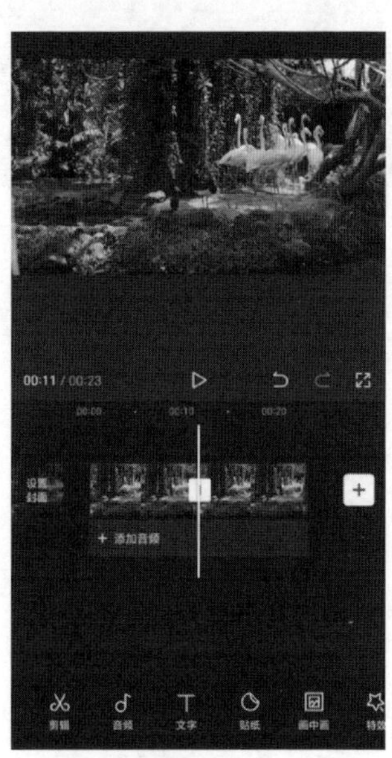

图2-11

2.1.3 调整短视频片段

本节主要讲解调整视频播放速度和素材长度的方法。调整短视频播放速度和素材长度可以改变短视频的节奏。

1. 调整短视频播放速度

调整短视频的播放速度，使其变快或变慢，符合所需的短视频节奏。例如，在剪辑短视频时，若想要用一些慢速镜头并搭配节奏轻缓的音乐，使短视频的节奏变舒缓，就可以调慢短视频的播放速度。

调整短视频播放速度的方法如下。

选中需要调整的短视频，在底部工具栏中单击“变速”按钮，底部工具栏中会出现“常规变速”和“曲线变速”两个按钮，如图 2-12 所示。

经常使用的变速方法是常规变速。常规变速用于对视频进行均匀变速，使整个视频匀速变快或匀速变慢。单击“常规变速”按钮，拖曳红色圆圈（图 2-13 中的小方框处）可以调整视频的播放速度。

图2-12

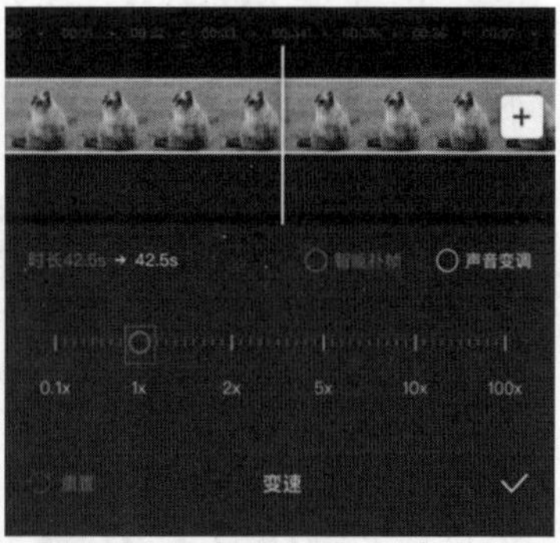

图2-13

曲线变速用于对视频进行不均匀的变速。单击“曲线变速”按钮，打开对应的变速选项区域。在“曲线变速”选项区域中，有不同的变速曲线选项，包括“蒙太奇”“英雄时刻”“子弹时间”等，也可以根据视频节奏的需要，进行自定义变速。单击所需要的预设变速按钮，将在预览区域中自动展示变速效果，如图 2-14 所示；再次单击该变速按钮，就会进入曲线编辑面板，如图 2-15 所示，用户可以对预设效果的曲线进行调整，拖曳各个点进行调整，以满足不同的播放速度需求，达到最佳的效果。

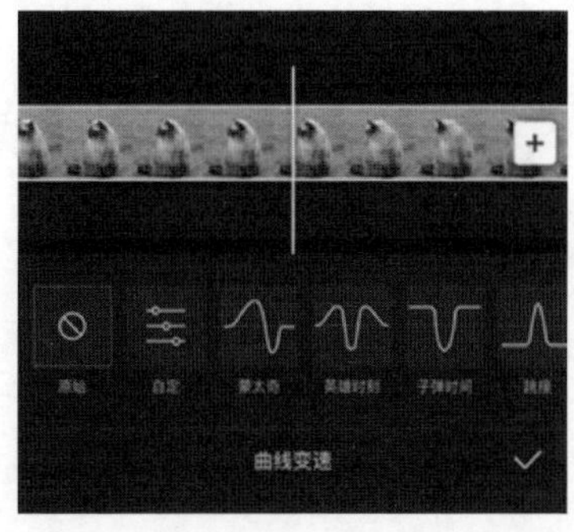

图2-14

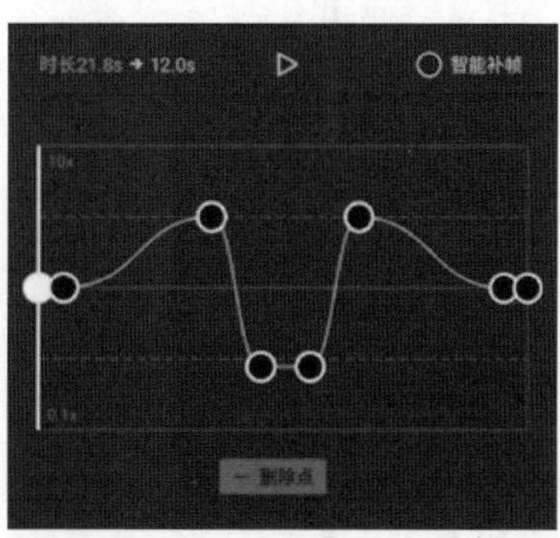

图2-15

2. 调整素材长度

调整素材的长度就是缩短素材的时长，或在缩短素材时长后进行还原，可以通过控制素材的时长从而控制视频整体时长。

调整素材长度的方法如下。

在素材处于选中状态时，如图 2-16 所示，向左拖动滑块，可使素材的时长变短；向右拖动滑块，可使素材的时长变长。

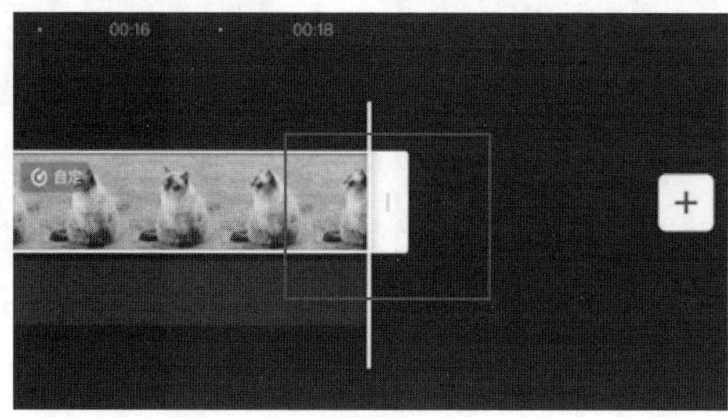

图2-16

2.1.4 调整短视频画面

短视频画面是直接呈现在用户眼前的表象动画，短视频画面的调整与美化可以使整个短视频更加规整、生动。例如，在剪辑短视频时，若画面背景比较杂乱，就可以通过调整短视频画面优化背景。

本节主要讲解对短视频画面进行调整的方法，包括抠像、编辑、调整比例、更换背景等。这些调整可以改变短视频画面的呈现方式，让短视频更加符合用户的偏好。

1. 抠像

抠像就是将画面中的某一部分从画面中抠取出来，使背景和景物分离，将抠像后的素材与其他素材叠加在一起，可以形成更好的视觉效果。例如，在剪映中制作封面时，使用抠像功能，将人物抠出来，再搭配文字，突出封面的重点。

抠像的具体操作方法如下。

导入素材后，在“剪辑”选项卡中，单击“抠像”按钮，即可看到“智能抠像”“自定义抠像”“色度抠图”3 个选项，如图 2-17 所示。

图2-17

“智能抠像”选项可用于快速将人物从画面中“抠”出来，从而进行替换背景等操作，对比效果如图 2-18 和图 2-19 所示。这个功能比较适合素材中需要的部分与背景颜色反差大的情况，如果颜色相近，会在智能抠像时产生混淆，从而得不到想要的效果。

图2-18

图2-19

“自定义抠像”选项可用于自定义抠像的区域，功能包括“快速画笔”“画笔”“擦除”。“快速画笔”与“智能抠像”类似，都能用于快速选中需要抠像的部分，但是使用“快速画笔”可以手动选择大致区域，更容易抠出素材中需要的部分。单击“快速画笔”，调整画笔大小，大致选中需要抠像的部分，如图 2-20 所示，停止单击后，画面中会智能框选出需要的元素，如图 2-21 所示。单击右下角的“√”按钮，就可以将所需的图像智能抠取下来，如图 2-22 所示。

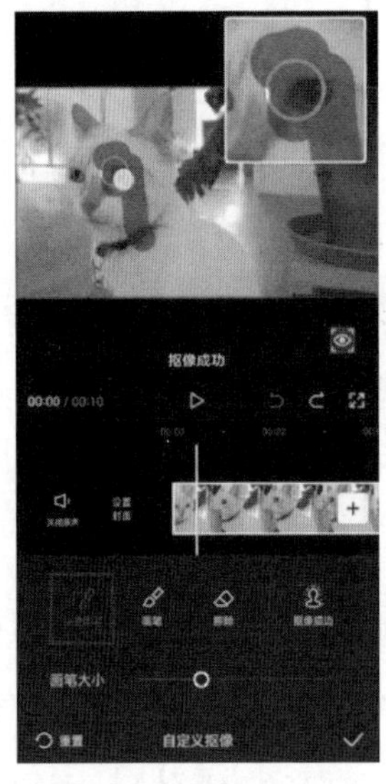

图2-20

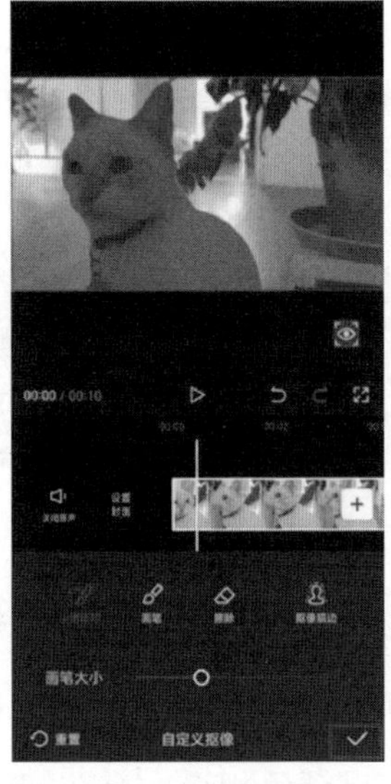

图2-21

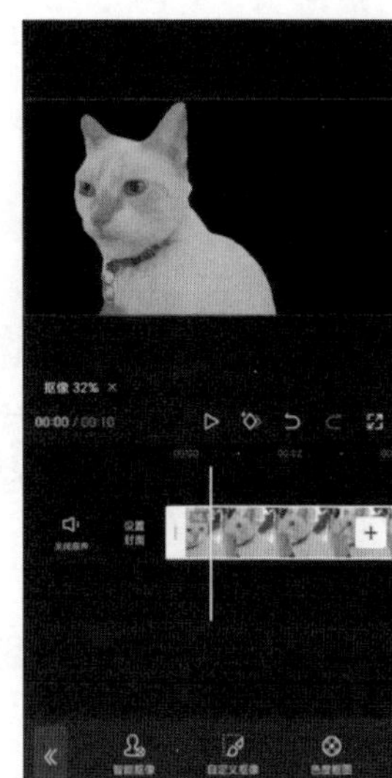

图2-22

使用“画笔功能”只会抠取出画笔覆盖的部分，并在整段视频中对这一部分进行追踪，如图 2-23 和图 2-24 所示。

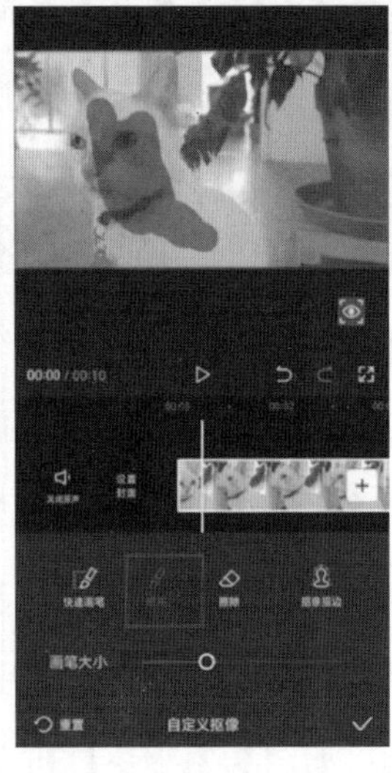

图2-23

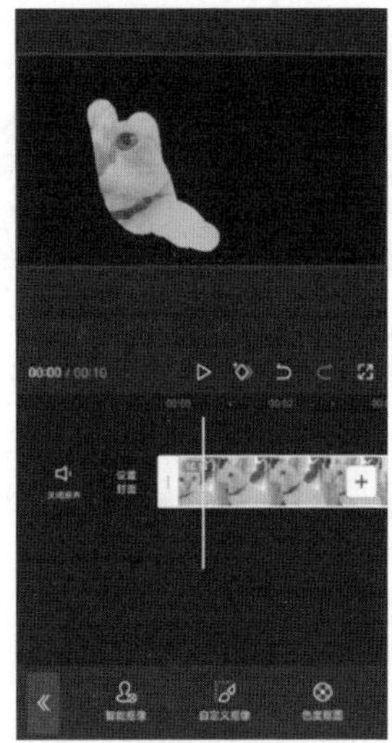

图2-24

而当选择的部分中有不需要的元素（见图 2-25 所示的方框处）时，可以用“擦除”工具将其去掉，如图 2-26 和图 2-27 所示。

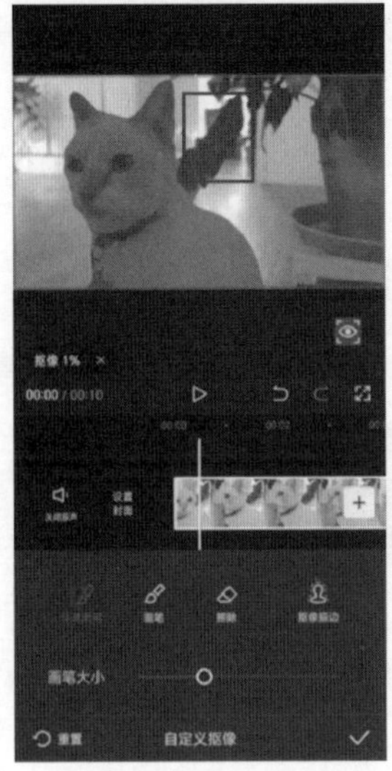

图2-25

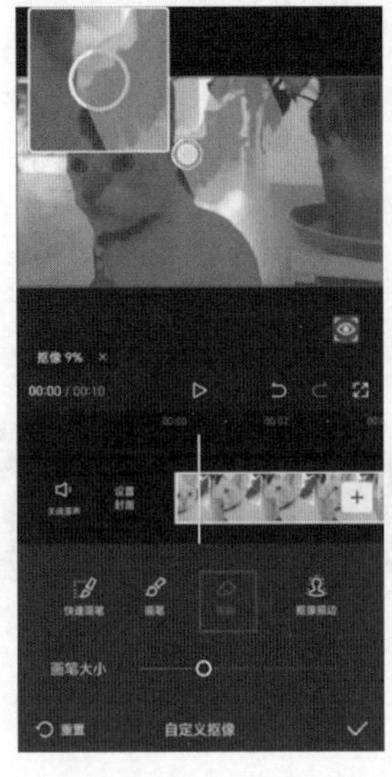

图2-26

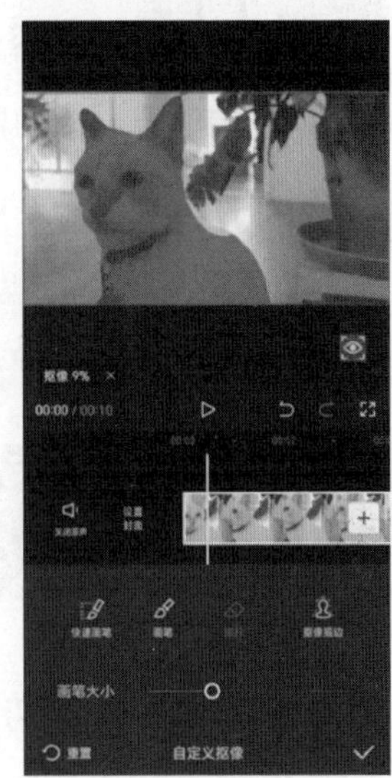

图2-27

使用“色度抠图”功能则可以将在“绿幕”或者“蓝幕”下的景物快速抠取出来，以便进行视频图像的合成，对比效果如图 2-28 和图 2-29 所示。用“取色器”选中需要去除的颜色，通过拖曳“强度”滑块，调整边缘处待去除颜色的强度。

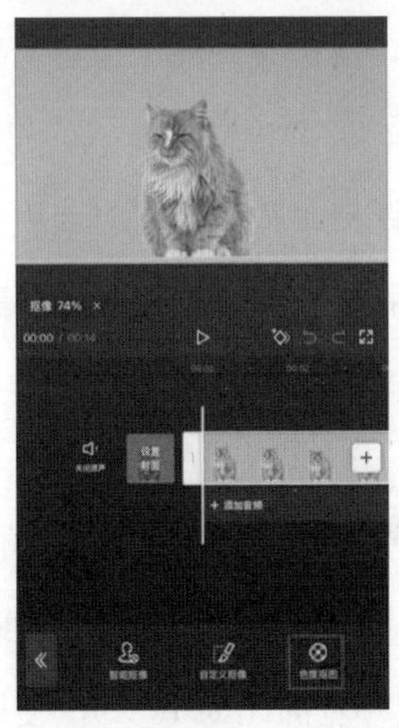

图2-28

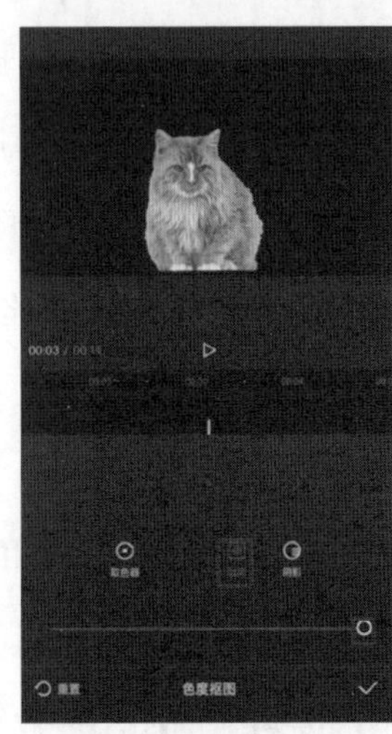

图2-29

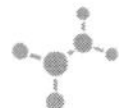

2. 编辑

编辑就是对短视频整体画面进行基本修改操作，使短视频达到用户需要的画面效果。例如，若拍摄的竖版素材呈现为横向的，就需要用到“旋转”工具。

编辑的方法如下。

导入视频素材，在“剪辑”选项卡中，单击“编辑”按钮，即可看到“镜像”“旋转”“裁剪”3 个选项，如图 2-30 所示。

图2-30

“镜像”用于使选中的素材画面沿水平方向镜像翻转，如图 2-31 所示。

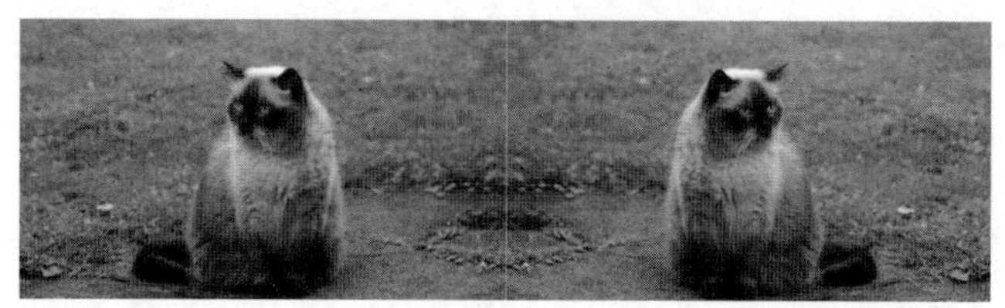

图2-31

“旋转”用于对选中的素材画面进行旋转操作，单击“旋转”按钮一次，素材画面就会顺时针旋转 90°，如图 2-32 所示。

“裁剪”用于对选中的素材画面进行比例裁切或自由裁切，下方选项中已经预设了各大平台的主流视频宽高比，可以让裁剪便于操作。同时，可以拖曳画面下方的滑块，对画面进行左右 45° 的微调，如图 2-33 所示。

3. 调整比例

对于一些在拍摄时不知道如何构图取景的读者来说，在视频剪辑工作中，合理地裁剪视频尺寸不仅可以起到“二次构图”的作用，还更加符合各种短视频平台对视频比例的要求。例如，多数短视频平台中的视频宽高比为 16∶9，使用比例功能，可以改变视频宽高比，更加符合平台要求。比例功能的具体使用方法如下。

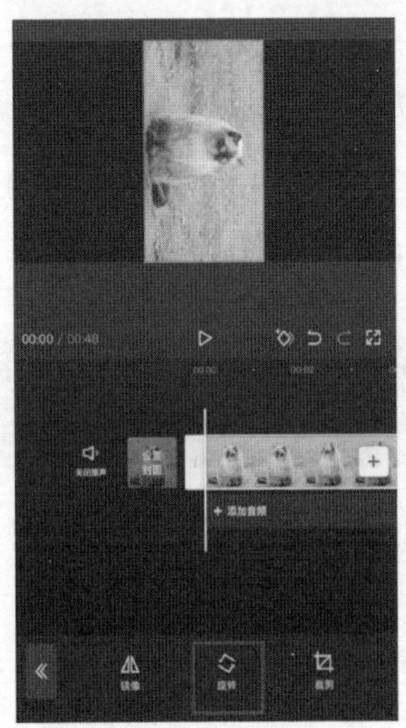

图2-32

图2-33

导入素材后，在不选中素材的条件下，选择“比例”，即可改变视频比例，如图 2-34 和图 2-35 所示。此时视频不占满整张画布，可以根据需要对视频进行缩放，或添加背景。

图2-34

图2-35

4. 更换背景

背景功能用于更换视频背景，使视频画面更加和谐。例如，在调节画面比例之后，若视频画面与所设画布比例不一致，画面上方和下方可能会出现黑边。解决黑边问题的其中一种方法就是添加背景。背景功能的具体使用方法如下。

导入素材后，单击界面下方的“背景”按钮，可以看到“画布颜色”“画布样式”“画布模糊”3 种背景风格，如图 2-36 所示。

图2-36

“画布颜色”提供纯色背景，一般用于为视频添加纯色边框，如图 2-37 所示。“画布颜色”的用途较广泛，可以根据视频的风格选择对应的背景色，对于清新、欢快的主题，可以选择浅色、亮色系，如天蓝色、淡绿色或嫩黄色；对于科技、现代主题，可以使用黑、白、灰色系。

“画布样式”中预设了许多图案背景，风格以卡通和节日为主，主要用于制作可爱或节日主题的视频，如图 2-38 所示。另外，可以选择本地相册中的图片，作为视频的背景。

“画布模糊”用于以当前画面的放大、模糊版本作为背景，以较自然地适应不合适的尺寸，如图 2-39 所示。

图2-37

图2-38

图2-39

2.2 Premiere中的剪辑与处理

本节主要讲解使用 Premiere 进行剪辑与处理的基本操作，主要涉及视频素材的导入和管理，调整素材画面，搭建短视频的基本框架，有助于创作者快速上手，转化自己的视频创意。本节基于 Adobe Premiere Pro 2023 进行操作讲解，如果读者使用的是其他版本，也可正常学习使用 Premiere 剪辑视频的方法。

2.2.1 界面概述

打开 Premiere 后的初始界面布局如图 2-40 所示。

图2-40

Premiere Pro 2023 的初始界面主要由菜单栏、源监视器、"节目"面板、"项目"面板、"效果"面板、音频剪辑混合器、工具栏等组成。

"项目"面板是素材文件的管理者，将素材导入"项目"面板后，在项目画面中左右滑动滑块，即可进行快速预览，如图 2-41 所示。

图2-41

源监视器又称素材监视器，双击“项目”面板中的素材，即可在源监视器中进行查看。

“节目”面板用来查看时间轴上的当前序列，如图 2-42 所示。

图2-42

“效果”面板用于为素材提供一些效果，包括预设、视频效果、视频过渡、音频效果、音频过渡等。“效果”面板是按类型分组的，方便用户查找，如图 2-43 所示。

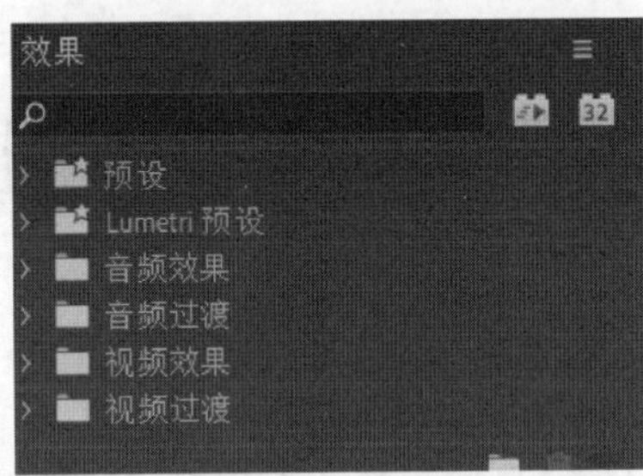

图2-43

工具栏中的工具都是用来编辑素材文件的，单击其中一个工具按钮，移动鼠标指针到时间轴序列上，鼠标指针会变成该工具的形状，如图 2-44 所示。

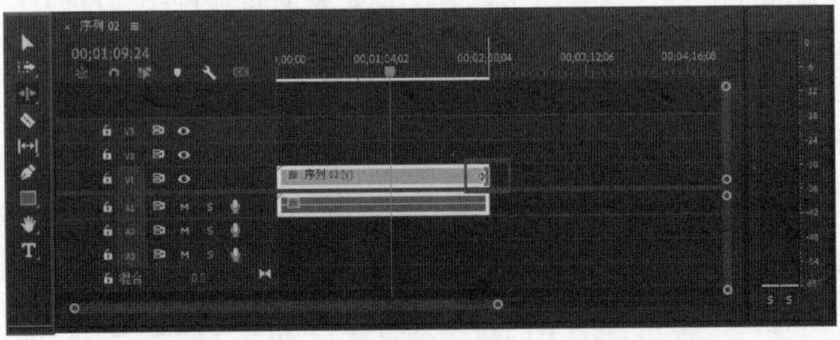

图2-44

同样，可以根据自己的视频剪辑喜好和需要，对界面布局进行调整，将不需要的面板关闭，或将面板移动到需要的位置，如图 2-45 所示。

图2-45

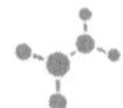

在调整好后也可以将自定义的界面保存，方便后续使用。在工作区中单击“另存为新工作区”，或者在菜单栏中选择“窗口”→“工作区”→“另存为新工作区”命令，工作区上方就会出现“新工作区”选项，如图 2-46 所示。

审阅 库 GRAPHICS 新工作区

图2-46

> **提示** 若在调整过程中想恢复原始布局，可以选择工作区下拉菜单中的“重置为已保存的布局”，恢复原始布局。

2.2.2 创建项目

在使用 Premiere 进行视频创作之前，首先要创建项目，项目创建后才能以项目为单位进行视频剪辑。

在 Premiere 中，创建项目有两种方法。

在菜单栏中选择“文件”→“新建”→“项目”命令，会自动跳转到“导入”界面，在其中可以设置项目名称及项目存储位置，并可以直接在下方导入需要的素材，右侧的导入设置可以用于创建序列、素材箱等，设置完成后即可单击右下角的“创建”按钮进行创建，如图 2-47 所示。

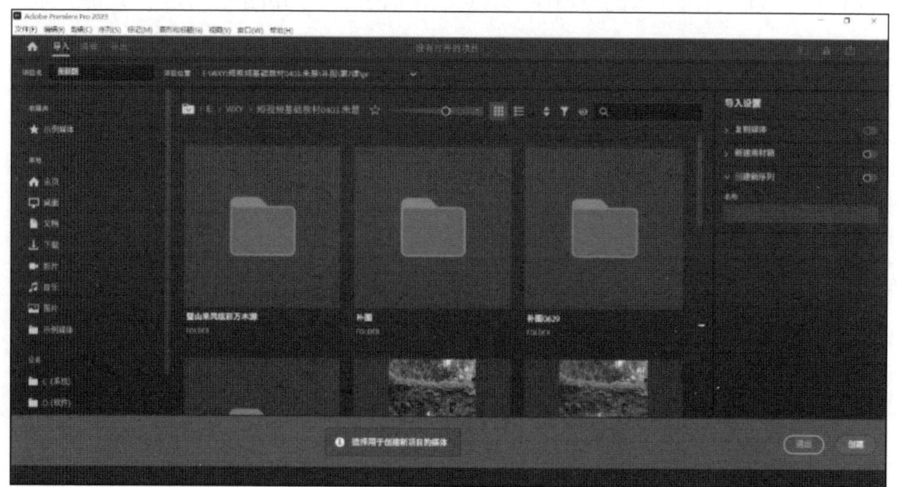

图2-47

打开 Premiere，单击“新建项目”按钮，如图 2-48 所示，即可进入新项目设置界面，设置好名称和保存路径后，即创建成功。

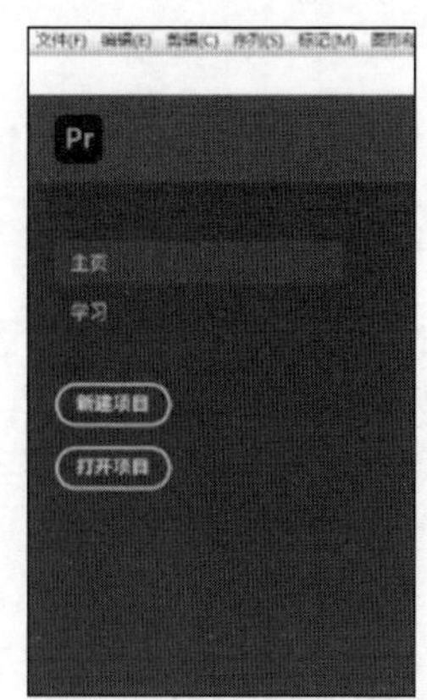

图2-48

2.2.3 导入和管理素材

本节将详细介绍使用 Premiere 进行素材处理的操作方法，包括素材文件的导入和管理。在 Premiere 中可以通过“项目”面板进行素材的导入和管理。

1. 导入素材

导入素材文件是使用 Premiere 进行剪辑的前提，通常素材文件包括视频文件、音频文件、图像文件等。下面介绍导入素材文件的具体操作方法。

创建一个项目文件，按快捷键 Ctrl+N，新建序列。在 Premiere 中，从菜单栏中选择“文件”→“导入”命令，弹出“导入”对话框。在该对话框中，选择相应的素材文件，单击“打开”按钮，即可在“项目”面板中，查看导入的素材的名称和缩略图。如果将视频素材拖曳至时间轴面板的 V1 轴上，该素材会成为目标短视频的一部分，并可在“节目”面板中预览素材效果，如图 2-49 所示。

图2-49

2. 管理素材

单击“项目”面板旁边的▆按钮，或右击“项目”面板的空白处，在快捷菜单中选择“新建素材箱”命令，新建素材箱，如图 2-50 和图 2-51 所示。根据自己的需求，将同类素材整合到一起，便于管理。

图2-50

图2-51

2.2.4 新建和设置序列

序列就像画板上的画纸一样，确定了视频的尺寸。不同的平台有不同的主流视频尺寸，所以在创建序列时提前设定好序列数值，会让之后的短视频上传变得更加方便。

在 Premiere 中，剪辑主要是在时间轴面板上进行的。如图 2-52 所示，时间轴面板分为上下两个部分，上半部分的轨道都是以“V”开头的，是 Video（视频）轨道，可以将视频、图片素材放在里面；下半部分的轨道都是以“A”开头的，是 Audio（音频）轨道，用来放置各种声音素材。

在 Premiere 中，创建序列一共有 3 种方法。

一是直接将导入的素材拖入时间轴中，时间轴面板上方会自动新建一个序列，而序列的长宽比也默认与素材的相同。

二是在菜单栏中，选择“文件”→“新建”→“序列”命令，或按快捷键 Ctrl+N，新建一个序列。

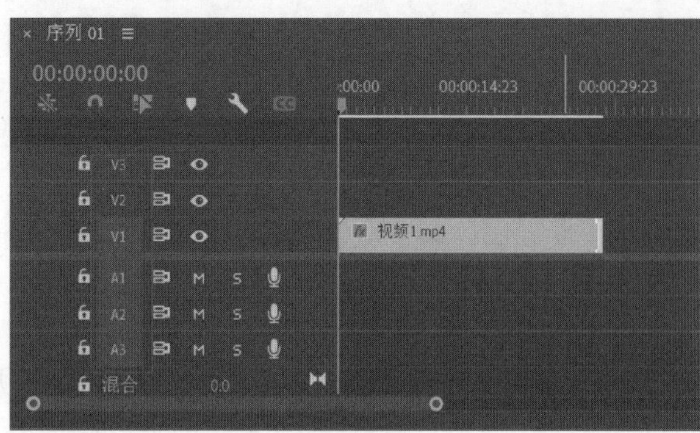

图2-52

三是右击“项目”面板的空白处，在快捷菜单中选择“新建项目”→“序列”命令，添加一个新序列。

在新建序列时，会弹出“新建序列”对话框，在其中可以对序列进行设置。该对话框包括“序列预设”“设置”“轨道”“VR 视频”选项卡。“序列预设”选项卡提供了多种预设，单击某一种就可以查看具体信息，如图 2-53 所示。

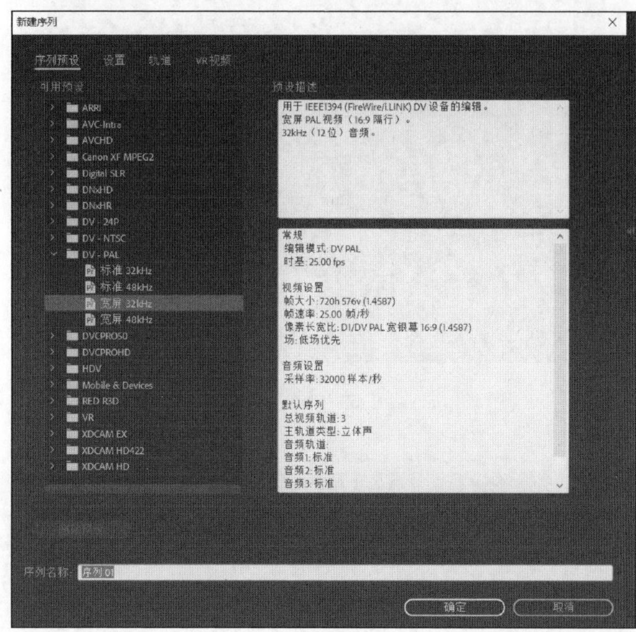

图2-53

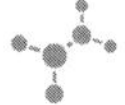

“设置”选项卡又称为“自定义序列设置”选项卡，可用于自主设定视频的比例，也可用于设置音频等。

调整短视频序列尺寸的具体操作如下。

在 Premiere 中，从菜单栏中选择“文件”→“新建”→“序列”命令，在“新建序列”对话框中，在“设置”选项卡中，如图 2-56 所示，把“编辑模式”设置为“自定义”，因为现在短视频画面的宽高比以 9∶16 为主，所以在“帧大小”中，把“水平”设置为 540，把“垂直”设置为 960，也可以选择 720×1280 或 1280×1920 的尺寸，单击“确定”按钮，这样一个符合短视频上传规范的序列就建好了，如图 2-54 所示。

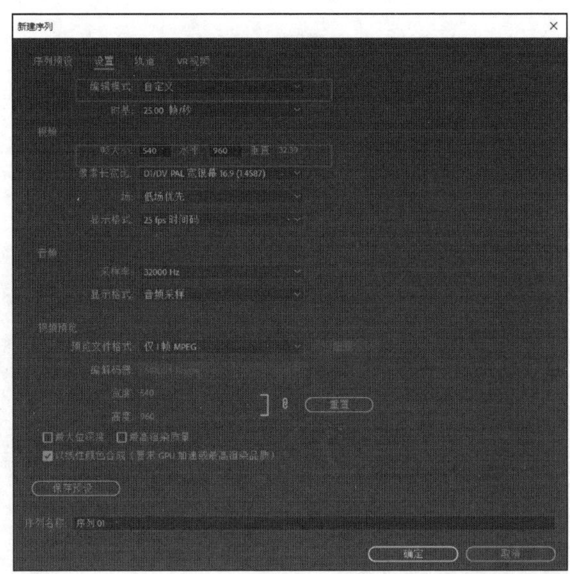

图2-54

提示 设置好序列尺寸后，拖入素材时，若素材尺寸与序列尺寸不匹配，会弹出“剪辑不匹配警告”对话框，如图 2-55 所示。单击“更改序列设置”按钮，会让序列尺寸匹配素材尺寸；单击“保持现有设置”按钮，会让素材适应序列，同时素材可能会出现展示不全、画面出现黑边的情况。

图2-55

2.2.5 调整素材画面

在制作视频时，若出现素材尺寸和视频尺寸不匹配的情况，可以通过修改素材尺寸进行调整。有两种方法可以达到需要的效果：一是移动和缩放素材，二是对素材进行裁剪。

1. 移动和缩放素材

当素材相对于画面尺寸过大时，可以用缩放功能对素材进行缩放，并将素材主体移动至画面中心位置。要移动和缩放素材，有两种方法。

一是直接缩放和移动。在时间轴中选中需要修改的素材，在“节目”面板中双击素材画面，当画面周围出现小方块时，通过拖曳小方块调整素材大小，把素材往画面的其他地方拖曳，可以移动素材，如图 2-56 所示。

图2-56

二是按效果缩放和移动。在时间轴中选中需要修改的素材，在“效果控件”面板中，展开“运动”下拉列表，单击“缩放”，展开“缩放”下拉列表，拖动滑块即可进行素材的放大或缩小。图 2-57 所示为将素材缩小为合适尺寸的效果。

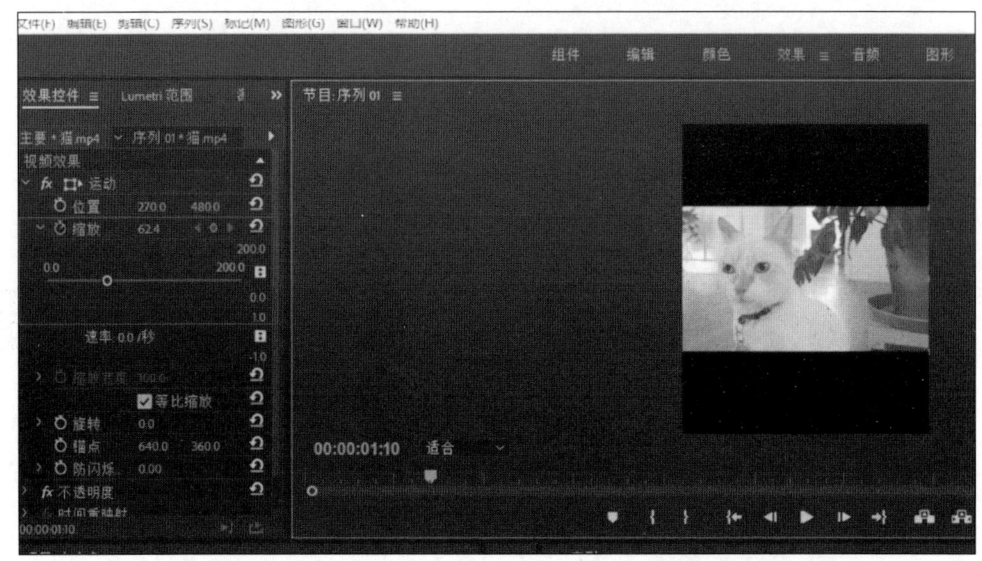

图2-57

单击“位置”，将鼠标指针移动到右边的数字上，当鼠标指针变为左右箭头形状时，按住鼠标左键进行左右拖曳，或双击数字，直接输入数值，也可以调整素材的位置。

2. 裁剪素材

如果素材画面中有不需要的信息，或者素材尺寸与视频尺寸不匹配，可以通过裁剪进行调整。下面进行具体的操作。

在“效果”输入栏中搜索“裁剪”并双击搜索到的效果选项，即可将“裁剪”效果添加到“效果控件”面板中。与缩放的方式一样，根据需要，可通过拖曳对素材进行裁剪。根据多个轨道素材，可以结合“裁剪”做出不同的视频效果，如图 2-58 所示。

图2-58

2.2.6 搭建短视频框架

为避免短视频制作后期的大范围改动，在创作初期应将素材按照拍摄脚本的顺序，大致摆放在Premiere的时间轴上，形成短视频的初样。这一过程完成之后，这个短视频的框架就搭建好了。该过程用于搭建整个短视频的框架，不必进行非常细致的调整，如对音乐、节奏，甚至剪辑点等都不必设置，主要关注影片的逻辑及前后场的连接。下面将介绍使用Premiere搭建短视频框架的过程中可能进行的操作和使用的工具。

1. 拼接和移动

通常一个短视频不是由单一素材构成的，而是多个素材拼接在一起的，以此来表达完整的创作意图。在Premiere中导入一个视频素材后，选择菜单栏中的“文件”→“导入”命令，导入另一个视频素材。导入成功后，将这两个素材拖动到同一条轨道中，即可完成拼接。

拼接后两个素材就可以连续播放。为了让素材间自动紧密拼接，可以开启Premiere的吸附功能。

开启吸附功能有两种方法。

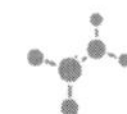

一种是打开菜单栏中的“序列”列表，勾选“对齐”。

另一种是单击时间轴面板中的图标，图标变为蓝色即开启，如图 2-59 所示。

开启后，当把一段素材移动到同一轨道的另一段素材附近时，两段素材能自动吸附、衔接并对齐，同时在吸附位置出现倒三角形图标。

图2-59

提示 若多段素材存在空隙，需要前后吸附，可以全选这些素材，在菜单栏中选择“序列”→“封闭间隙”命令。

如果连接两段素材后对顺序不满意，需要移动某一段素材，如将“视频 1”的位置调整到“视频 2”之后，可以在轨道上选中“视频 1”，拖曳“视频 1”到“视频 2”的后方。

如果需要将素材拖动到指定位置，可以先打开吸附功能，将蓝色的播放指示线拖曳到素材需要放置的位置，再将素材拖曳过去，当素材靠近播放指示线时，素材会自动吸附在播放指示线指示的位置，如图 2-60 和图 2-61 所示。

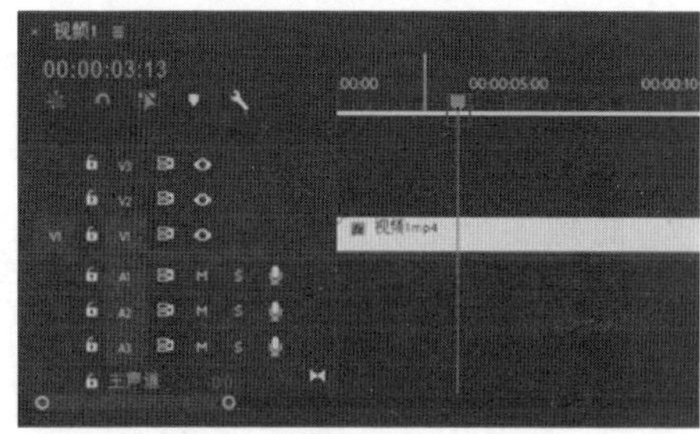

图2-60

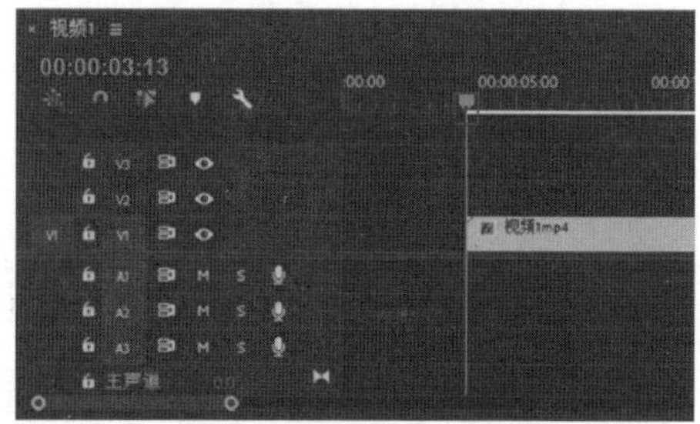

图2-61

2. 修剪素材长度

一般来说，把一段素材应用在视频中，只需要其中关键的一部分内容，多余的部分就需要去掉。在 Premiere 中，有 3 种方式可以对素材长度进行修剪。接下来，将分别讲解具体操作。

对于常规修剪，可以使用“选择工具”直接调整素材长度。选中“选择工具”，将鼠标指针放置在视频的开头或结尾处，当鼠标指针变为箭头形状（见图 2-62 右侧方框处）时，即可按住鼠标左键进行左右拖曳。此时改变素材长度，不会影响其他素材在时间轴上的位置。

提示 素材长度的最大值为素材原有长度；去除的部分不会被删除，可以通过向右拖曳进行还原。

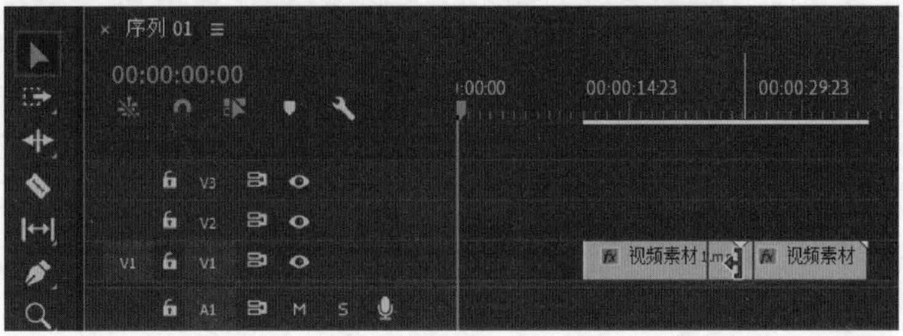

图2-62

使用“波纹编辑工具”可以改变所选素材的长度，而轨道上其他素材的长度不会受到影响，其他素材会随该素材的移动而移动，素材衔接处不会有空隙。打开一个项目文件，选取工具栏中带左右箭头的“波纹编辑工具”，选择素材，将鼠标指针放在素材开始或结束的位置，当鼠标指针变为向左或向右的箭头形状时，按住鼠标左键拖曳素材至需要的长度，释放鼠标左键即可完成更改，如图 2-63 所示。

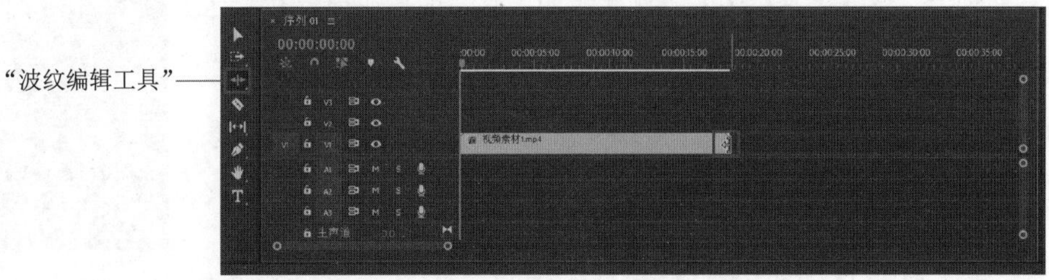

“波纹编辑工具”

图2-63

“剃刀工具”用于执行剪辑软件中基本的剪辑操作。可以对一段选中的素材文件进行剪切，将其分成两段或几段独立的素材片段。打开一个项目文件，选中“剃刀工具”，单击想要分割的部分，即可将其分为两部分。

当素材中出现不需要的部分时，可以将其切割下来并删除。分割出需要删除的部分，用“选择工具”选中并按 Delete 键即可删除，如图 2-64 所示。

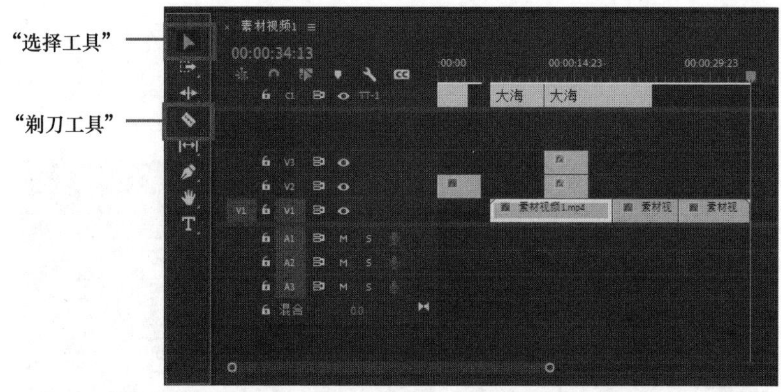

图2-64

3. 视频变速

变速是指镜头的升格与降格的组合，造成一种反差效果，从而产生视频的节奏。变速可以改变视频的节奏，使视频节奏不会过于平淡，也可以运用变速技巧使影片镜头和镜头之间的拼接更加顺畅。Premiere 中实现镜头变速的方法有两种。

一是使用“比率拉伸工具”，对应的快捷键为 R。将素材拖曳到时间轴上，选择工具栏中的“比率拉伸工具”或按快捷键 R，当鼠标指针移动到素材的开头或结尾并且鼠标指针的图标变成可操作的状态时，即可按住鼠标左键将视频左右拖曳，进行素材变速处理，如图 2-65 和图 2-66 所示。

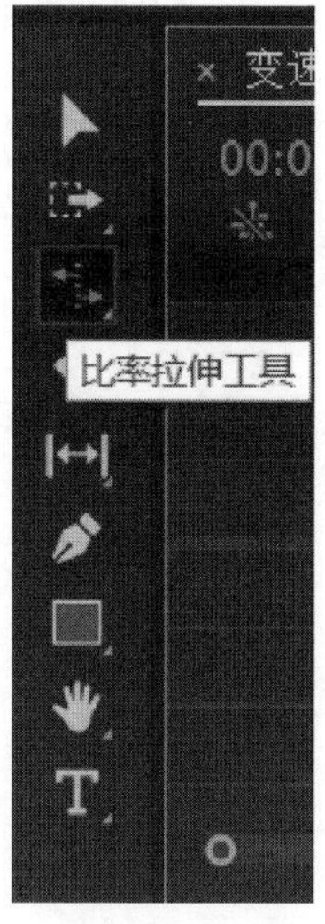

图2-65

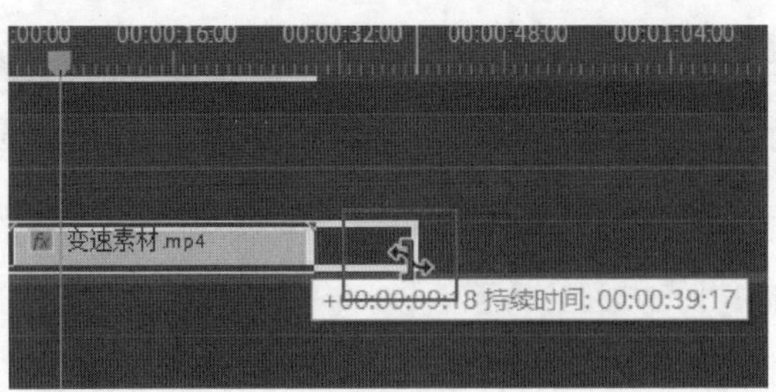

图2-66

二是使用“剪辑速度/持续时间”对话框，对应的快捷键为Ctrl+R，如图2-67所示。将素材拖曳到时间轴上，选中需要编辑的素材片段，右击，在快捷菜单中选择“速度/持续时间”命令，对“速度”的百分比进行改变。若“速度”小于100%，视频升格，播放速度加快，视频播放时间变短；若“速度”大于100%，视频降格，播放速度减慢，视频播放时间变长；若速度仍为100%，视频播放速度和播放时间都不变。

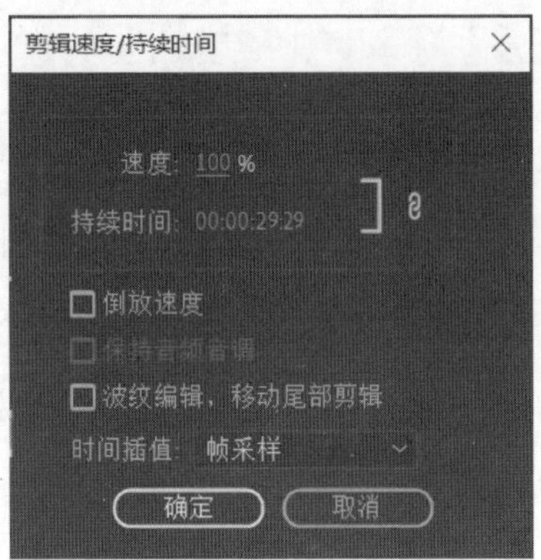

图2-67

使用“比率拉伸工具”后，若想将视频调回原速度，可以打开“剪辑速度/持续时间”对话框，将“速度”调至100%。

提示 变速处理后可能会出现素材音频变调的问题，在“剪辑速度/持续时间”对话框中，勾选“保持音频音调”，素材音频音调就不会改变了。

提示 在“剪辑速度/持续时间”对话框中，也可以对素材进行倒放处理。选中需要倒放的素材，打开“剪辑速度/持续时间”对话框，勾选“倒放速度”复选框，如图 2-68 所示，即可实现该素材的倒放处理。一般倒放与素材复制、变速等剪辑效果一起使用，用于实现时光回溯的效果。

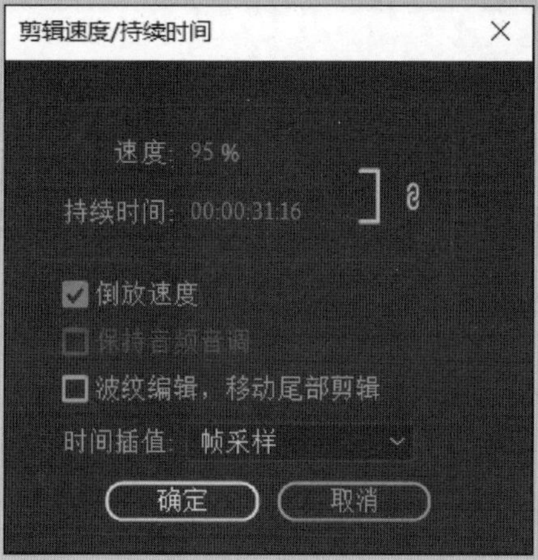

图2-68

时间重映射可用于更改剪辑的视频部分的速度。使用时间重映射可在单个剪辑中实现慢动作和快动作效果。在剪辑中，一般使用时间重映射进行素材部分片段的变速处理或者进行曲线变速编辑。具体操作方法如下。

将素材拖曳到时间轴上，右击素材的fx图标，在快捷菜单中选择“时间重映射”→“速度”命令，如图 2-69 所示；或在整段素材的任意位置右击，在快捷菜单中选择“显示剪辑关键帧”→“时间重映射”→“速度”命令。

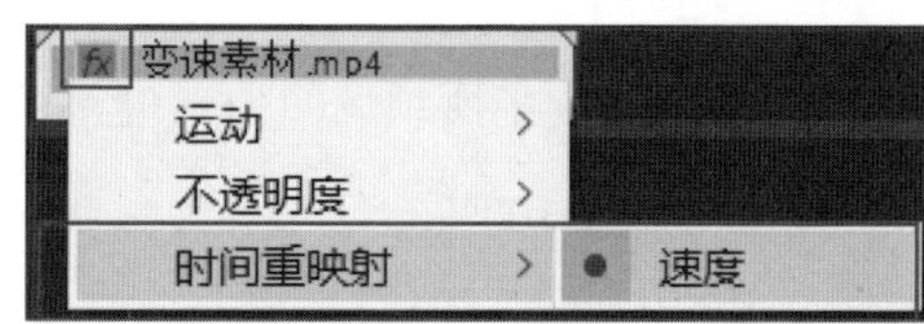

图2-69

提示 若时间轴较窄，可以将鼠标指针移动至时间轴左侧，按住 Alt 键向上滑动鼠标滑轮，改变时间轴高度，如图 2-70 所示。

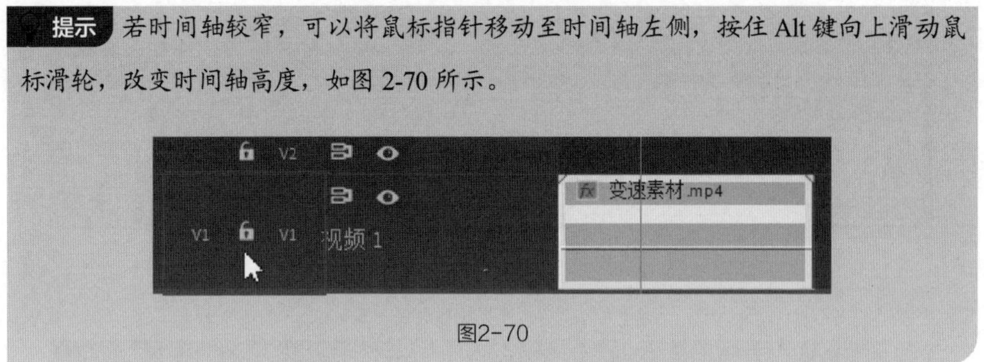

图2-70

在“效果控件”面板中，将播放指示线移动到需要变速的片段开头处，单击右下方的“添加 / 移除关键帧”按钮，即可在素材中添加关键帧，如图 2-71 所示，也可以在按住 Ctrl 键的同时单击播放指示线，添加关键帧。

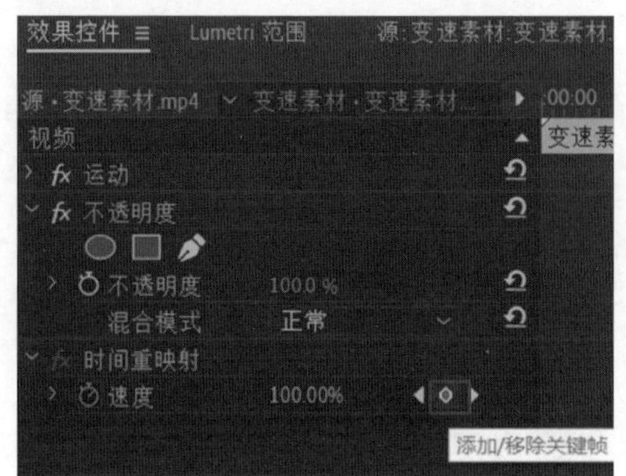

图2-71

将鼠标指针放在不同的线段上，上下推拉可实现速度的快慢调整效果，上推表示降格，下拉表示升格，如图 2-72 所示。关键帧也可以分为两部分，当调整两段变速的过渡部分时，将鼠标指针移动至关键帧上方的白条处，即可按住鼠标左键进行左右拖曳。这时可看到速度曲线变为斜线，如图 2-73 所示，于是变速片段间的过渡就完成了。

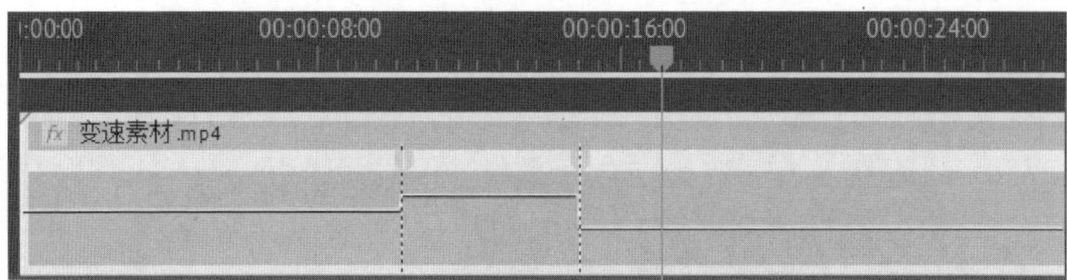

图2-72

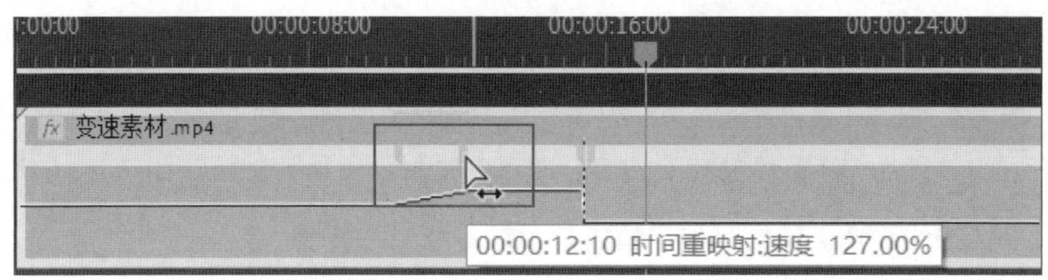

图2-73

在合适的时间调整速度，能够大大提升视频整体的节奏感。同时，要注意和音频的配合。

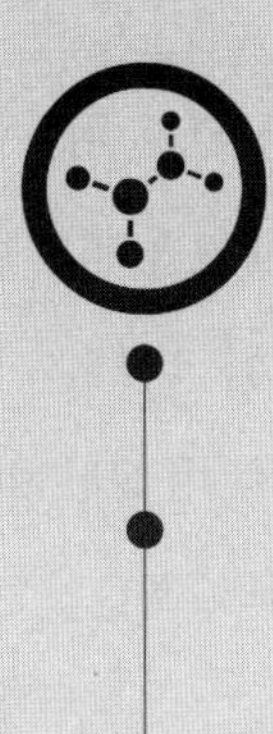

第 3 章

调色——美化视频画面

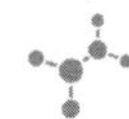

调色主要包括各种滤镜效果的灵活运用，以及结合颜色的基本属性进一步完善视频画面效果。在视频制作中，调色是非常重要的一步。通过调整颜色、亮度、对比度等参数，可以让视频更加生动、自然。

本章将讲解颜色的基本属性、使用剪映和 Premiere 对视频进行调色的方法，帮助读者用不同的软件进行恰当的视频调色。

3.1 颜色的基本属性

颜色是光刺激眼睛，再传到大脑，从而引起视觉中枢产生的一种感觉。不同波长的光刺激人眼，使人能够感受到不同的颜色信息。

本节主要讲解颜色的基本属性，包括色相、饱和度以及明度。通过了解颜色的基本属性，读者可以正确地调色，从而让视频画面更加美观。

3.1.1 色相

色相是每种颜色的固有表象，是一种颜色区别于另一种颜色的显著特征。

在使用中，颜色的名称（例如红色、橙色、蓝色、黄色、绿色）通常就是由其色相决定的。颜色体系中基本的色相为赤、橙、黄、绿、青、蓝、紫，这些色相的颜色相互混合可以产生许多新的颜色色相。

通常，用红、黄、橙等暖色来表现欢快、热烈、活泼的情绪，用蓝、绿等冷色来展现犹豫、伤感、压抑的情绪。

3.1.2 饱和度

饱和度是指颜色的强度或纯度，表示色相中颜色本身色素分量所占的比例。在标准色轮上，饱和度从中心到边缘逐渐增强。

饱和度越高，在画面中展现的鲜艳程度也就越高。

不同饱和度的颜色会给人不同的感觉。对于同一张图，高饱和度给人张扬、活泼、温暖的感觉，但同时因为色彩过于鲜艳，容易使观看的人视觉疲劳，觉得画面塑料感重，不耐看；低饱和度给人以安静、沉稳、平静的感觉，容易给画面打造出氛围感，但是如果饱和度过低，会影响真实色彩的展现。

3.1.3 明度

颜色的明亮程度即明度。明亮的颜色的明度高，暗淡的颜色的明度低。白色的明度最高，而黑色的明度最低。同样的颜色受光照影响也会有明暗深浅的变化。光照强，明度高，颜色浅；光照弱，明度低，颜色深。

3.2 在剪映中调色

在剪映中，调色通过滤镜和调节功能实现。通过调色可以丰富视频画面色彩，让视频更具有吸引力。本节将围绕运用滤镜调整视频颜色和运用调节功能调整视频颜色，讲解在剪映中美化短视频画面的技巧。

3.2.1 运用滤镜调整视频颜色

滤镜是叠加在画面之上、用来实现画面色彩效果风格化的工具。运用滤镜可以提升短视频的色彩效果，呈现出想要的氛围，增强画面的美感。本节主要讲解剪映中常用的滤镜，包括美食滤镜、风景滤镜和人像滤镜等，以及在单一滤镜无法满足视频效果要求时，进行滤镜叠加的方法。

1. 美食滤镜

受光线、环境等因素的影响，食物拍出来的效果在一定程度上体现不出它原本的色彩，而针对不同的光线环境，美食滤镜通过调节镜头的亮度、饱和度等，能让色差变大，从而让食物展现出诱人的色彩。剪映中的美食滤镜包括“气泡水”“轻食”“暖食”“赏味”等。

添加美食滤镜的操作方法如下。

在剪映中，导入素材后，单击界面下方的“滤镜”按钮，在弹出的界面中，在“滤镜”选项卡中，先选择“美食”，再选择所需的滤镜，即可为视频添加美食滤镜，如图 3-1 所示。

提示 选择滤镜后，可以通过滑动滑块调整滤镜作用在素材上的程度。

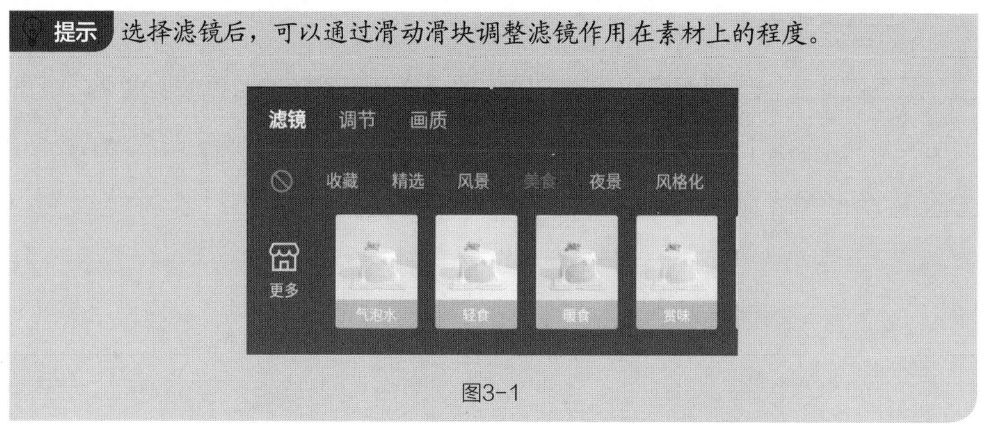

图3-1

2. 风景滤镜

在拍摄风景时，短视频创作者通常采用他拍手法，且多在户外拍摄。这可能会产生光线色差，景物在一定程度上会失真。使用风景滤镜则可以在一定程度上让景物恢复到更自然的状态。剪映中的风景滤镜包括“冰原”“香松”“彩果”“黑莓”等。

添加风景滤镜的操作方法如下。

在剪映中，导入素材后，单击界面下方的“滤镜”按钮，在弹出的界面中，在“滤镜”选项卡中，先选择“风景”，再选择所需的滤镜，即可为视频添加风景滤镜，如图 3-2 所示。

图3-2

3. 人像滤镜

当进行人像拍摄时，若前置摄像头的像素不高、光线不足、逆光等问题导致人物面部不清晰，或者拍摄时的光线状态达不到整体视频想要的效果，就可以使用人像滤镜功能，调整人物面部光线以及素材整体效果，以达到理想效果。

在剪映中，导入视频后，单击界面下方的“滤镜”按钮，在弹出的界面中，在“滤镜”选项卡中，选择“人像”，显示许多调整人像的滤镜，包括“净透”“焕肤”“裸粉”“素肌”等，如图3-3所示。可以根据素材情况和想达到的视频效果进行选择。

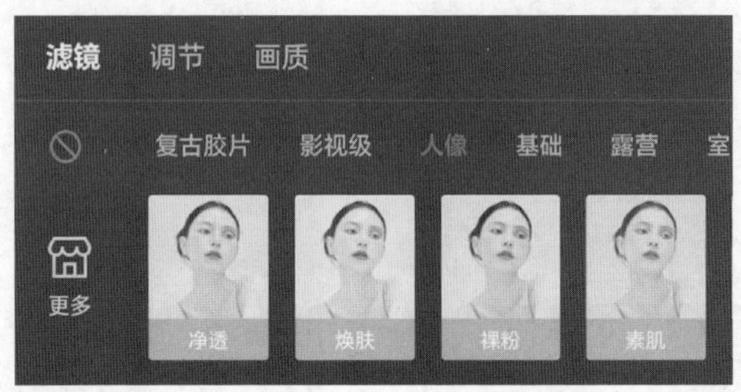

图3-3

4. 叠加滤镜

在使用一种滤镜没有达到预期的效果时，可以通过叠加滤镜获得意想不到的效果。

叠加滤镜的具体操作如下。

首先，在剪映中，选择并添加需要的素材，进入剪辑界面，单击屏幕空白处，不选中素材图层，在界面下方单击“滤镜”按钮，如图3-4所示。选择“美食”中的“轻食”滤镜后，单击“√”按钮，可以看到“轻食”滤镜为一个单独的轨道图层，之后单击空白位置，单击下方的“新增滤镜”按钮，如图3-5所示。

再给素材添加一个“基础”类型的“中性”滤镜，如图3-6所示。这样操作的好处是，可以对滤镜进行叠加，呈现出不同的效果，也可以通过左右拖曳或缩短滤镜图层长度改变滤镜作用在素材上的程度和时间，配合视频内容，提升视觉效果。

图3-4

图3-5

提示 多个滤镜图层也可以作用在同一条轨道上，以达到一段素材中有多种滤镜的目的，如图 3-7 所示；也可以通过调整滤镜的图层顺序达到不一样的叠加效果。

3.2.2 调节功能及其应用案例

美化视频画面并不只是简单地使用滤镜，而涉及多方面的操作。运用调节功能可以改变视频风格和画面的明亮程度。本节主要讲解调节功能及其应用案例，使用户在实际处理问题时能选择正确的调节方法。

图3-6

图3-7

1. 调节功能

在剪映中，调节功能包括亮度调节、对比度调节、饱和度调节、光感调节、锐化调节、曲线调节等。

亮度用来调节整个画面的明暗程度。在剪映中，在“调节”选项卡中，选中“亮度”，左右拖曳滑块，会对整个画面的明暗程度产生影响。例如，若有些素材的拍摄光线不足导致整个画面较暗，不符合视频的整体感觉，就可以在“亮度”中向右拖曳滑块，让素材画面整体变亮。

对比度是指画面中最亮和最暗部分之间的亮度比值。在剪映中，在“调节”选项卡中，选中“对比度”，向左拖曳滑块，差值变小，整个画面会变得灰蒙蒙的；向右拖曳滑块，差值变大，亮部更亮，暗部更暗。

调节饱和度会调整画面的色彩鲜艳程度。在剪映中，在“调节”选项卡下，选择“饱和度”，向左拖曳滑块，画面的色彩逐渐消失（当拖曳到最左端时，整体画面变成黑白灰色系）；向右拖曳滑块，则会提高画面的色彩鲜艳程度。

与亮度不同，光感调节的是整个画面受光的位置。在剪映中，在“调节”选项卡下，选择“光感”，向左拖曳滑块会使光感变弱；向右拖曳滑块会提高整个画面的亮度。在画面曝光度较高时，使用此项功能可以弱化光带来的尖锐感。

锐化主要通过加深画面轮廓的锐利感，让画面视觉效果更清晰。

曲线调节是指调节视频中某种颜色的变化趋势，从而更精细地控制视频的效果。曲线调节涉及白色、红色、绿色、蓝色分量，白色分量控制画面明暗程度，红色、绿色、蓝色分量分别控制红色及其补色、绿色及其补色、蓝及其互补色的显色程度。曲线调节的界面如图 3-8 所示。

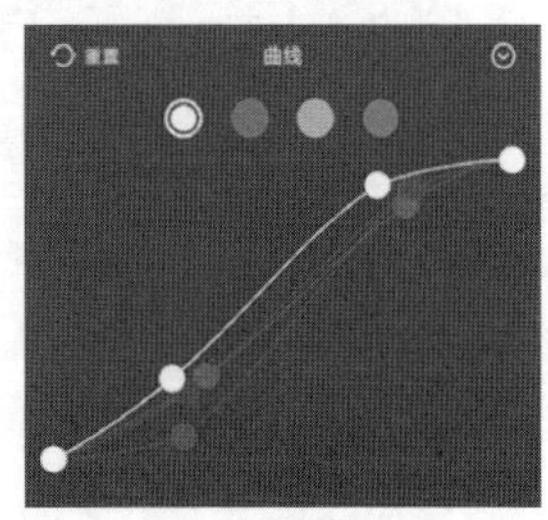

图3-8

提示 若不需要生成的调节点，双击对应调节点即可将其删除。

2. 提高视频清晰度

当一个素材画面的视觉效果不够清晰时，可以通过一个通用的调节数值进行调节，再根据不同的视频进行微调。具体操作如下。

在剪映中导入需要调节的视频，单击“调节”按钮，在弹出的界面中，在“调节”选项卡中，使“亮度”增加 10，使“对比度”增加 10，使“饱和度”增加 10，使“光感”降低 10，使“锐化”增加 20，曲线调节则根据具体素材情况，调整为 S 形。

3. 调整视频明度

明度是人对光源和物体表面的明暗程度的感觉，主要是由光线强弱决定的一种视觉经验。通过调整视频明度可以改善画面过亮和过暗的情况。

调整视频明度的操作方法如下。

在剪映中，导入素材后，单击界面下方的“调节”按钮，在弹出的界面中，在“调节”选项卡中，分别提高“亮度”“锐化”“光感”，其他选项根据素材情况进行个性化调节。

提示 如果人物在视频中较暗，可以向左拖曳“色温”滑块，提亮人物。

4. 滤镜后调节

当使用单一或者多个滤镜无法满足视频调色需求时，可以先选择滤镜，再在滤镜效果的基础上进行调节。

3.3 在Premiere中调色

在短视频的后期制作中，视频画面的颜色校正与美化非常重要。颜色校正能够弥补设备或环境问题导致的颜色瑕疵，颜色美化可以为影片创作出不同的风格。

本节以Premiere为例，通过介绍Premiere中的颜色校正和调色的流程帮助读者熟悉使用Premiere进行调色的方法。

3.3.1 颜色校正

颜色校正也称为校色，它是摄影后期的一个专用技术术语，其目的是准确还原人眼看到的拍摄现场色调。在实地拍摄时，天气和环境等因素往往会导致视频偏暗、偏亮或颜色失真等，这些情况难以避免。这时可以使用Premiere中的颜色校正功能调整画面颜色和亮度等，如图3-9所示。

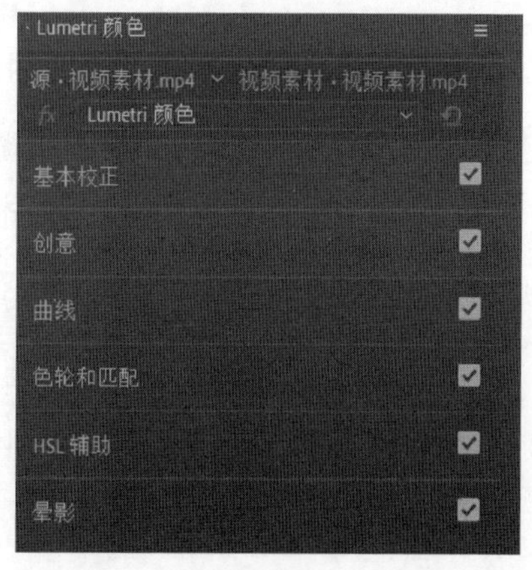

图3-9

接下来，将分别讲解 Premiere 的“Lumetri 颜色”面板中常用的 3 个选项组，以及快速颜色校正器。

1.“基本校正”选项组

“基本校正”选项组可用于调整视频素材的色相及明亮度，修正过暗或过亮的素材，如图 3-10 所示。

“输入 LUT”下拉列表包含系统预设的颜色滤镜，如图 3-11 所示，可以根据具体情况进行选择，也可以单击“浏览”按钮，导入下载的颜色滤镜。

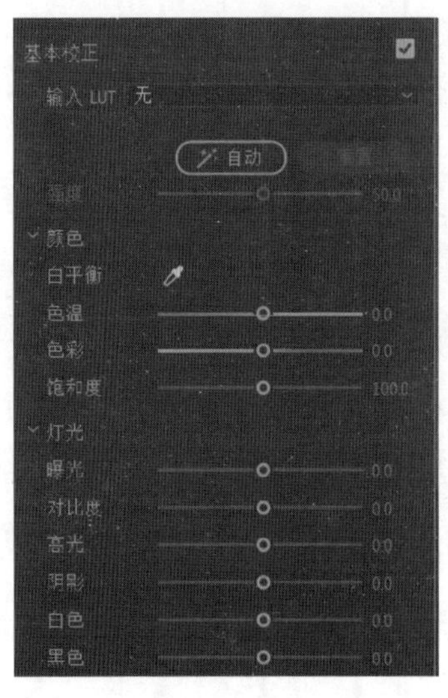

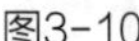
图3-10

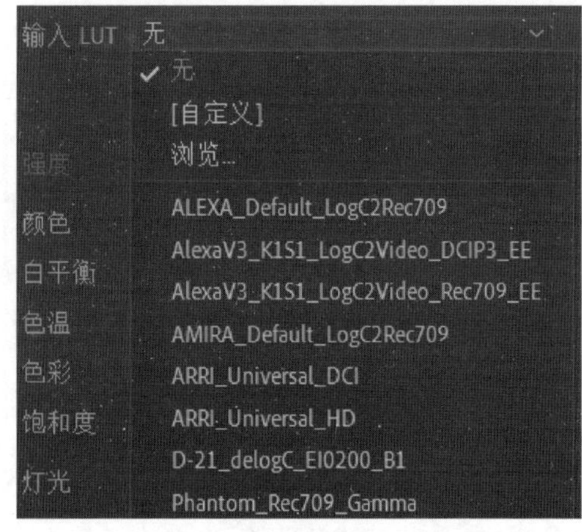

图3-11

“白平衡”可用于调整画面的色彩，一般用于画面偏蓝或偏黄的情况。当整体色调偏蓝或偏黄时，可以适当将调整色温和色彩的滑块向右拖曳。

“灯光”主要用于校正画面的曝光程度。以图 3-12 所示的图像为例，其中“白色”控制最亮的部分，如图 3-13 所示；“黑色”控制最暗的部分，如图 3-14 所示；“阴影”控制次暗的部分；“曝光”调节画面的中间调，如图 3-15 所示；“高光”控制较亮的部分；“对比度”控制视频画面的明暗对比。

图3-12　图3-13

图3-14　图3-15

“饱和度”则可用于调节画面色彩的鲜艳程度，将滑块拖曳到最左侧会将画面调至黑白。

2.“创意”选项组

“创意”选项组可为素材提供更个性化的调色设置，包括使用更多元化的滤镜、淡化胶片、饱和度、阴影色彩和高光色彩等，如图 3-16 所示。

“Look”下拉列表也属于预设滤镜，展开该下拉列表，可根据需要选择风格化的滤镜效果，如图 3-17 所示。

与“基本校正”选项组中的“输入 LUT”不同，“Look”下拉列表中的滤镜更偏风格化，如不同胶片机所呈现的不同效果等。同样，可以导入自定义的预设滤镜，配合视频的效果使用。另外，根据需要，通过拖曳“强度”滑块调整滤镜作用于画面的程度。

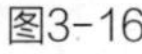
图3-16

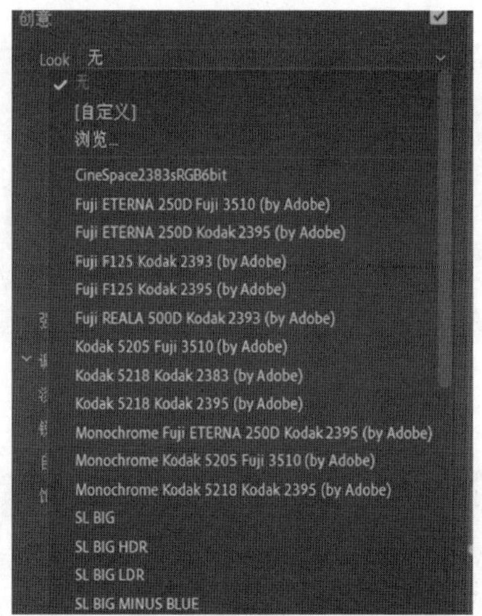

图3-17

“阴影色彩”色轮和“高光色彩”色轮可分别用于调整画面较暗与画面较亮部分的颜色，一般用于独特画面的风格化调整。若移动“阴影色彩”色轮的十字图标，画面中深色区域的颜色会发生改变；若移动“高光色彩”色轮的十字图标，画面中较亮区域的颜色会发生改变。

提示 若想重置滑块或色轮的十字图标，双击对应部分的控制范围即可。

“色彩平衡”用于调整“阴影色彩”和“高光色彩”色轮作用在画面的比例。以图 3-18 所示图像为例，向左拖曳滑块会加强“高光色彩”色轮调节的颜色，向右拖曳滑块会加强“阴影色彩”色轮调节的颜色。

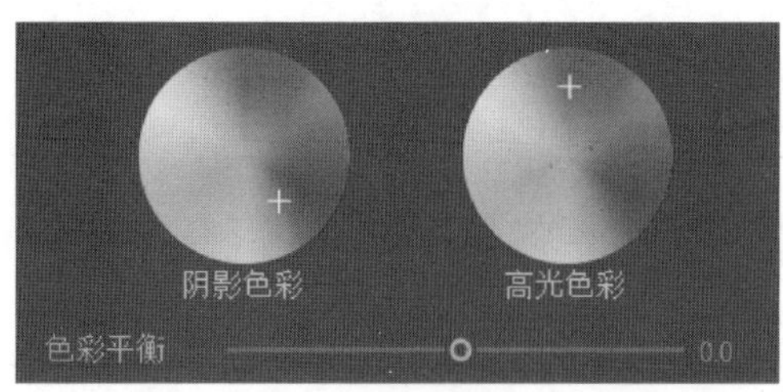

图3-18

3. “曲线”选项组

“曲线”选项组用于对视频素材进行单一颜色的调整，其中包括 RGB 曲线和色相饱和度曲线，如图 3-19 所示。

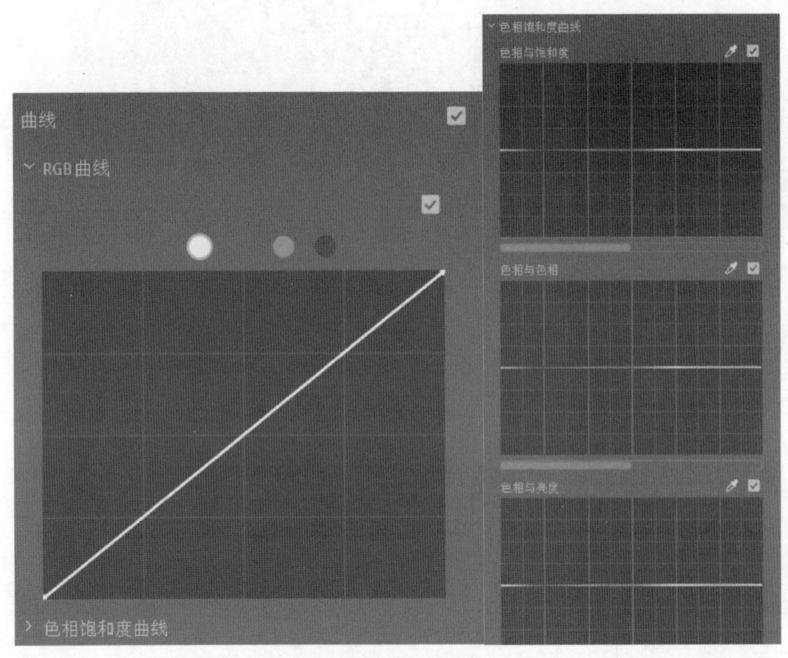

图3-19

RGB 曲线用于调整亮度和色调范围。单击白色单选按钮，白色曲线控制亮度，线条的左上部分代表高光，右下部分代表阴影。调整白色曲线会让整个画面变亮或变暗。另外，还可以选择性地仅针对红色、绿色或蓝色通道中的一个进行调整。在曲线上直接单击添加控制点，然后拖曳控制点，调整色调区域。向上或向下拖曳控制点，可以使要调整的色调区域变亮或变暗。向左拖曳控制点，可提高对比度；向右拖曳控制点，可降低对比度。例如，若将白色曲线的控制点向上拖曳，将其他曲线的控制点向下拖曳，如图 3-20 所示，图像的亮度变高，整体色彩变暗，呈现对比度增强的效果。

图3-20

色相饱和度曲线可以针对某一种颜色调整饱和度、色相、亮度。可以手动选择想要调整的颜色，也可以使用“吸管工具”吸取画面中的颜色，进行调整。

在色相与饱和度曲线中调整某种颜色的饱和度时，使用“吸管工具”吸取某种颜色后，曲线中会出现控制点，拖曳中间的控制点上下移动就会调整该颜色的饱和度，外侧两点的宽度决定了所选颜色的范围。如图 3-21 所示，用“吸管工具”吸取画面中的某种颜色，并将中间的控制点向下拖曳，画面中所选颜色对应部分的饱和度降低，逐渐变灰。

图3-21

与色相与饱和度曲线类似，选中需要改变的颜色后，在色相与色相曲线上拖曳中间的控制点，即可改变该颜色的色相。

色相与亮度曲线则用于调整颜色的亮度，如图 3-22 所示，画面中伞右上角的颜色亮度变低。

图3-22

4. 快速颜色校正器

快速颜色校正器可以针对偏色的素材进行色相平衡的校正。在“效果”面板中，展开“视频效果”中的“过时”，选择“快速颜色校正器”，可以对视频画面进行色相平衡校正，如图 3-23 所示。

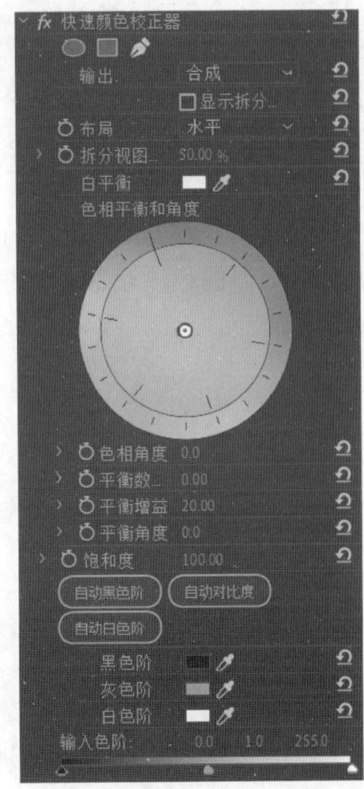

图3-23

3.3.2 调色流程

在拍摄过程中光线、设备、设置等可能会导致画面出现各种色彩问题，因此常需要根据视频风格和表现主题进行个性化色彩调节。而在对一个问题画面进行调色时，通常分为分析问题、整体调色、局部调节 3 个步骤。

1. 分析问题

在调色之前，首先需要分析画面的问题。以图 3-24 所示的图像为例，使用 Premiere 自带的矢量示波器和分量工具对画面进行色彩分析。

图3-24

矢量示波器不仅可用于显示画面的色度信息，还可用于显示画面的饱和度，并且提供饱和度的安全范围。在“Lumetri 范围”面板中右击，选择“矢量示波器 YUV”命令，效果如图 3-25 所示。圆形内部 6 个方框内的范围为饱和度的安全范围，十字中心的密集点表示画面颜色信息的分布区域，颜色信息延伸到 R 旁边的方框外面，说明画面的饱和度过高。这是用于检测饱和度安全范围的重要手段，同时可用于查看颜色信息的偏向。从波形来看，素材中部分颜色的饱和度较高，但处于安全的范围，可以在后期调色时稍微降低该颜色的饱和度和亮度，以让色

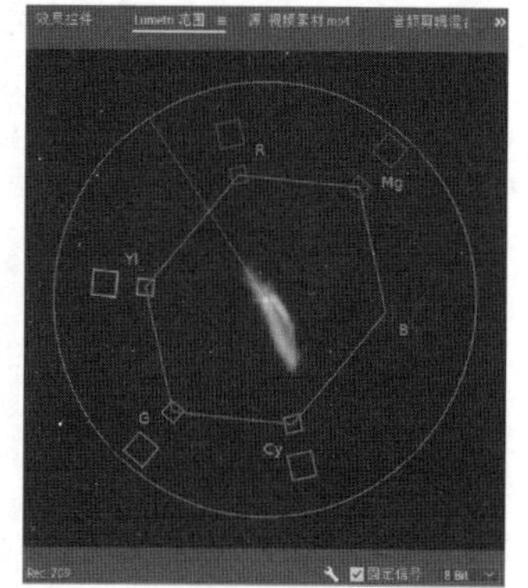

图3-25

彩保持平衡。

分量工具可以显示数字视频信号中亮度和色差通道级别的波形。比较常用的是 RGB 分量示波器，用来比较红色、绿色和蓝色通道之间的关系。RGB 分量示波器中的波形分别代表红色、绿色和蓝色通道级别的波形。若三色的波形分布在同一水平线上，说明画面的色彩较平衡。在“Lumetri 范围”面板中右击，选择“分量 (RGB)”命令，打开图 3-26 所示的 RGB 分量示波器，素材最右侧的波形较高，整体呈阶梯形，因此需要调整色温和色彩使其趋向水平。

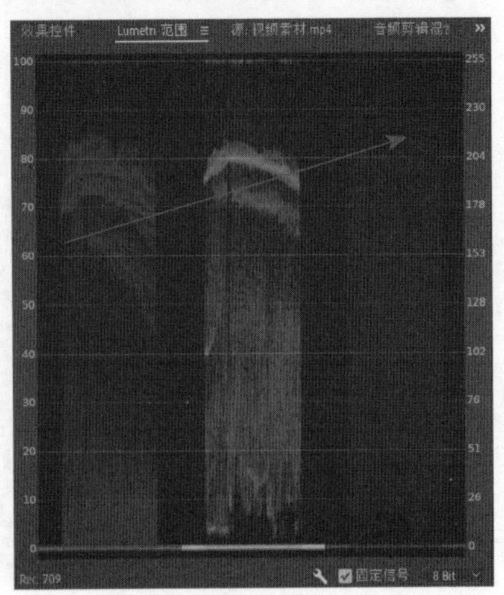

图3-26

2. 整体调色

整体调色主要是对画面进行色彩还原，包括校正画面的亮度、白平衡、饱和度等。在“Lumetri 颜色”面板中，可应用以下方式对画面进行色彩还原。

在“基本校正”选项组中，选择“输入 LUT”下拉列表中的预设选项，添加预设基本滤镜。如果没有合适的预设选项，则需要在“基本校正”选项组中手动调节相关选项，如图 3-27 所示。

图3-27

调整完后记得检查亮度、白平衡和饱和度等是否合适，当前的 RGB 分量示波器如图 3-28 所示。

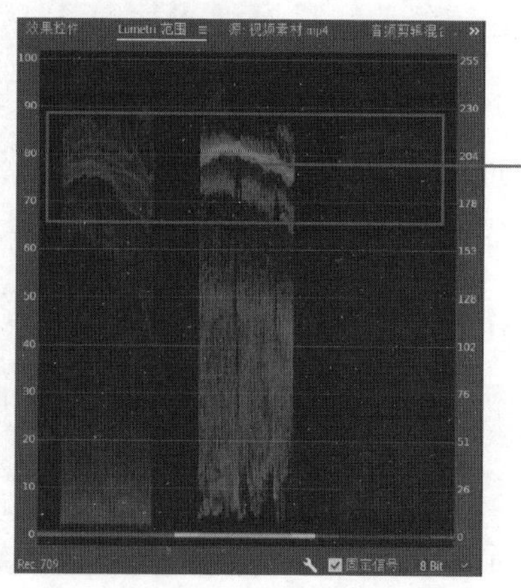

图3-28

3. 局部调节

局部调节就是将素材画面分为不同部分进行调整。画面一般可分为高光、阴影、大面积色调等。可以利用“Lumetri 颜色”面板中的“创意”“HSL 辅助”“曲线”等选项组进行调节。

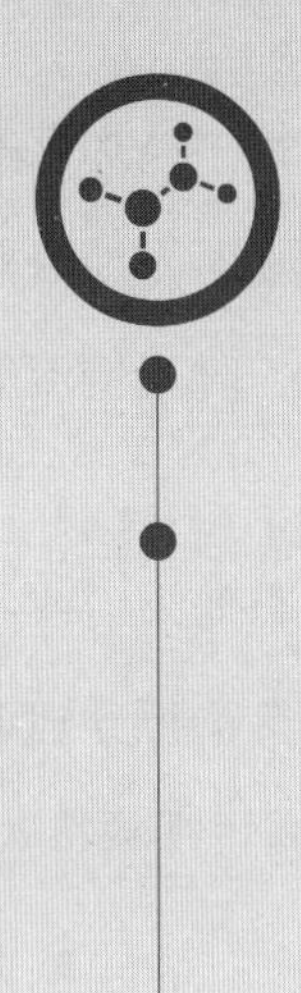

第 4 章

特效——打造炫酷效果

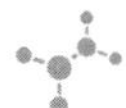

添加视频特效是一种通过在视频中添加某些独有的效果增强观感和吸引力的方法。在一段素材中，特效可以给画面添加自然界中一些不存在的元素或拍摄时不能自然形成的元素，如夏天下雪、时光倒流等。另外，转场特效能用来提升两段素材的衔接紧密度。

在短视频中使用各种各样的动态效果，或者添加一些新奇的特效，可以丰富画面元素，实现良好的视频效果。本章将分别讲解使用剪映和 Premiere 给视频添加特效的方法，帮助读者更好地掌握短视频特效的应用技巧。

4.1 在剪映中添加特效

剪映将视频特效分成 3 种类型，包括特效、转场特效和动画，并为用户提供大量的预设效果。本节分别对剪映中的特效、转场特效和动画的种类与使用方法进行讲解。

4.1.1 特效

根据作用目标，剪映中的特效先分为画面特效和人物特效，后根据种类进行细分，便于用户快速找到需要的特效。本节介绍特效功能以及关于特效的基本操作。

1. 特效功能

画面特效是指在素材中为画面背景添加的特效，包括“热门”“基础”“氛围”等类型，如图 4-1 所示。添加画面特效可以使视频画面的呈现效果具有氛围感。例如，当想让视频素材背景有下雪的效果但现实条件不允许时，可以通过添加“初雪”画面特效实现。

人物特效是指在素材中为人物添加的特效，包括“热门”“情绪”“头饰”“身体”“挡脸”等类型，如图 4-2 所示。

收藏
热门
圣诞
基础
氛围
VIP
大雪纷飞 II
心花怒放 II
泡泡变焦
星火炸开
镜头模糊
彩虹水滴
荧光扫描
散光

图4-1

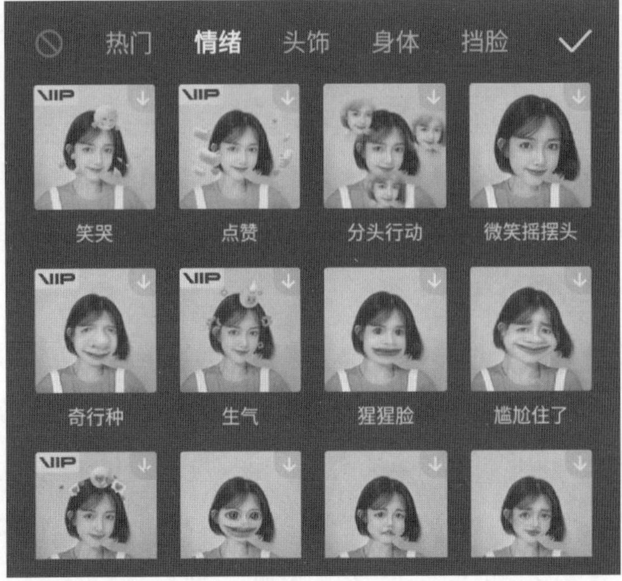
热门
情绪
头饰
身体
挡脸
VIP
笑哭
点赞
分头行动
微笑摇摆头
奇行种
生气
猩猩脸
尴尬住了

图4-2

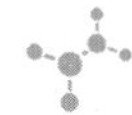

人物特效与视频平台或自拍 App 的贴纸相似，可以通过添加人物特效，使人物的面部或身体呈现各种各样的效果。例如，若在拍摄短视频时有需要露脸的部分，但不想以真实的外貌拍摄，就可以选择“形象”分组里的效果遮挡脸部，效果如图 4-3 所示；若想给舞蹈视频添加一段炫酷的效果，就可以选择“环绕”分组中的效果并添加，效果如图 4-4 所示。

图4-3

图4-4

2. 关于特效的基本操作

剪映中关于特效的基本操作包括特效的添加、参数调整、替换、复制、删除和收藏等。学会这些操作即可对素材的特效进行简单处理。

以画面特效为例，在剪映中，导入视频素材后，在下方工具栏中单击“特效”按钮，选择“画面特效”，如“动感”“DV”“复古”“Bling”等特效，如图 4-5 所示。可以根据视频风格快速选择。选中想要添加的特效，即可在视频预览区实时预览添加该特效的效果。

添加特效后，再次单击该特效就会进入调整特效的界面，界面中会有该特效所包含的属性，例如，选择“基础”分组下面的“镜头变焦”特效，可调节“变焦速度”和“放大”程度，如图 4-6 所示；“动感”分组中的“抖动”特效可用于调节“速度”“水平色差”“垂直色差”，如图 4-7 所示。在选择特效和调整参数后，单击“√”按钮，即可完成特效的添加。

PLAY
00:00:03:00
动感
DV
复古
Bling
扭曲
W830
C300
JVC
复古连拍
CCD
隔行DV
磁带DV
调整参数
老式DV
IXUS
低画质CCD
复古蓝调
海鸥DC

图4-5

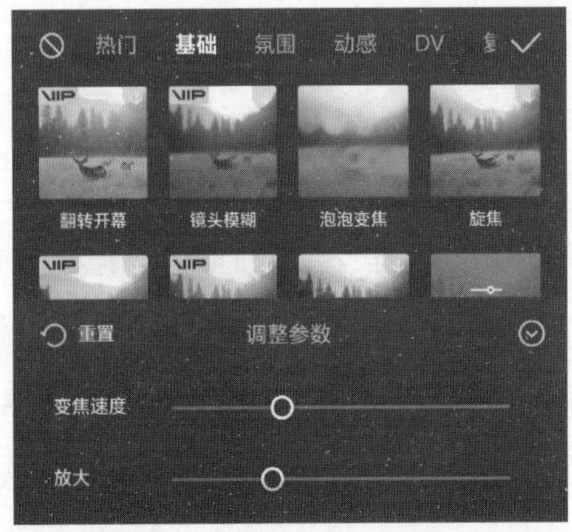
热门
基础
氛围
动感
DV
翻转开幕
镜头模糊
泡泡变焦
旋焦
重置
调整参数
变焦速度
放大

图4-6

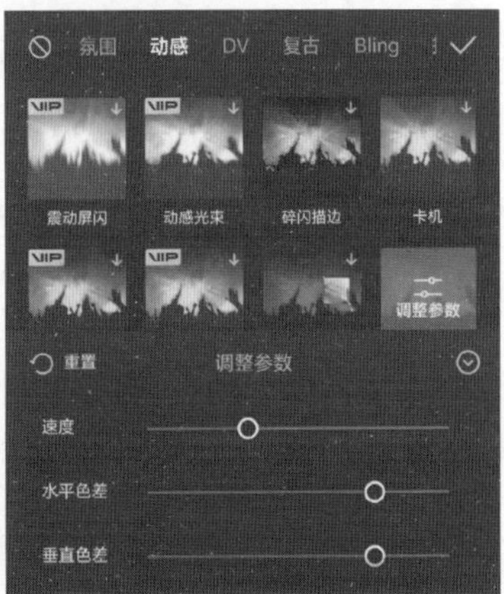
氛围
动感
DV
复古
Bling
震动屏闪
动感光束
碎闪描边
卡机
调整参数
重置
调整参数
速度
水平色差
垂直色差

图4-7

添加特效后，可以在剪辑轨道区看到新增的特效轨道。特效轨道覆盖的区域就是添加了特效的区域，如图 4-8 所示。选中特效轨道，底部工具栏中会出现编辑工具，包括“替换特效”“复制”和“删除”等，拖动特效左右两边的白边即可延长或缩短特效持续的时间，选中特效轨道并拖曳，即可调整特效作用的位置以及所在轨道，如图 4-9 所示。

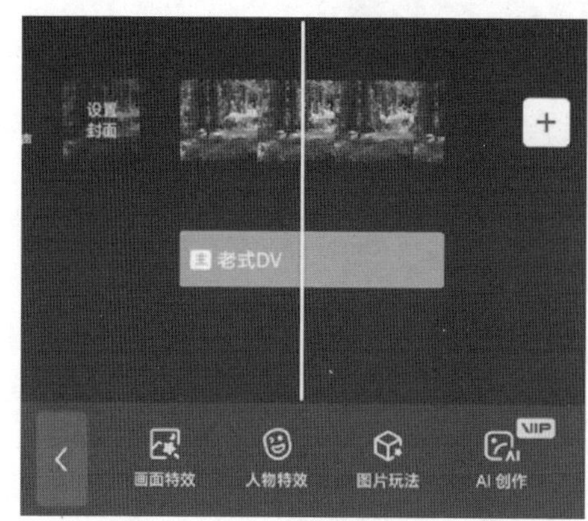

图4-8

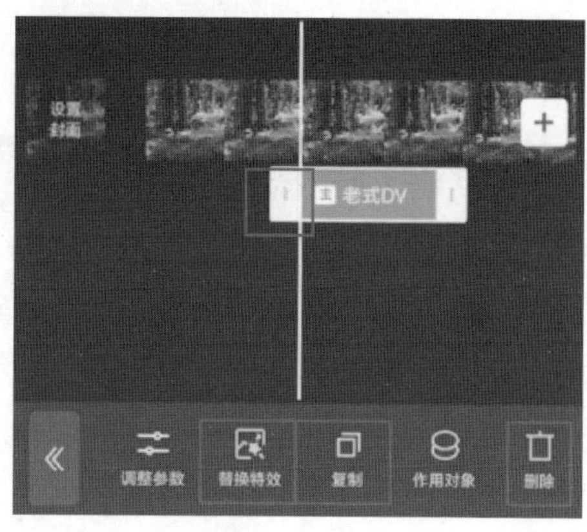

图4-9

替换即将现有特效替换为另一个特效。例如，在统一调整视频风格时，发现当前特效不适合整个视频的风格，在不想改变特效作用位置的情况下，可以使用“替换特效”工具快速进行特效的替换。

复制即按照现有特效的时长和参数制作一份或多份特效，再将其无缝衔接至现有特效轨道后。例如，在进行视频剪辑时，若想在一段素材的不同位置添加同一种特效，可以使用“复制”工具进行复制。

删除即清除选中的特效。例如，在进行视频剪辑时，若发现视频中的特效过多，视频失去重点，需要选择性地去掉某些特效，就可以选中需要删除的特效，通过单击“删除”工具将其删除。

收藏就是对喜欢的特效进行收集、整理，以便下次使用时可以快速找到并添加该特效。收藏特效的方法如下。

在特效添加界面中，找到自己想要收藏的特效，选中或长按，即可收藏该特效；再次选中或长按，即可取消收藏，如图 4-10 所示。

已收藏的特效会出现在特效添加界面的“收藏”分组里，如图 4-11 所示。

图4-10

图4-11

4.1.2 转场特效

一个视频成品是由许多个素材视频以及场景组成的，场景间、片段间的过渡或转换就是转场。在视频的制作中，首先会对素材进行拼接，但是单纯的拼接会使视频显得生硬、无趣，因此就需要添加转场特效来进行过渡。

1. 转场特效的介绍

在剪映中，除了对视频素材进行渲染的特效之外，还有用于衔接素材的转场特效，如图 4-12 所示，其中包括“叠化”“运镜”“模糊”“幻灯片”等类型。转场特效与素材画面相结合，会达到意想不到的巧妙效果。

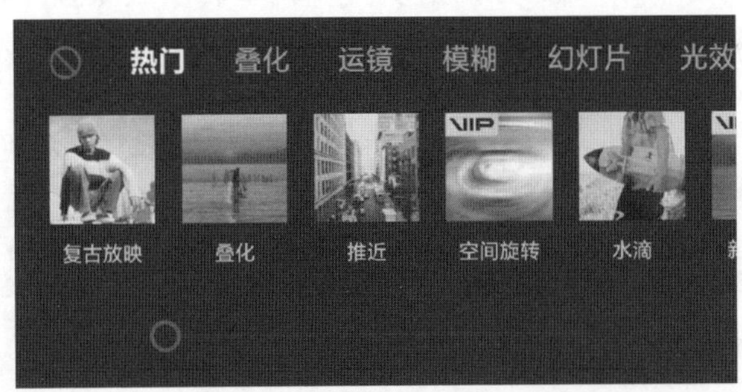

图4-12

2. 转场特效的基本操作

导入素材后，找到需要添加转场特效的素材衔接处，单击衔接处的小方块即可设置转场特效，如图 4-13 所示。每个转场特效都可以在转场特效列表中实时预览，也可以单击想要查看的转场特效，在画面中进行预览，如图 4-14 所示。

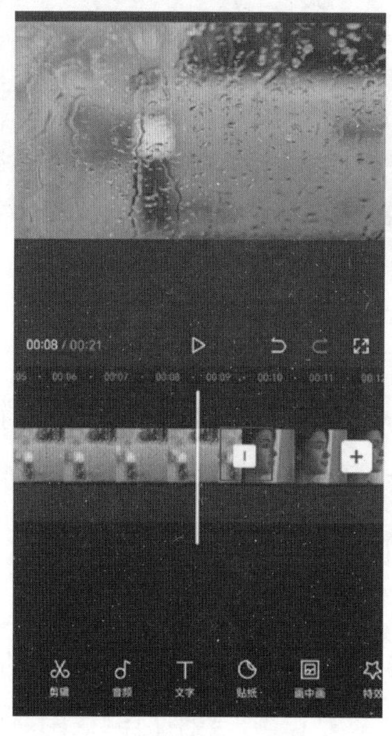

图4-13

图4-14

选定转场特效后，拖曳下方的滑块可以调整转场效果作用的时间，范围为 0.1 ～ 5 s。调整好后，单击右下角的“√”按钮会将选择的转场特效应用于当前衔接处，而单击左下角的“全局应用”按钮会将此转场特效应用于当前项目中全部素材间的衔接处，如图 4-15 所示。确定转场特效之后，素材间的小方块就会发生变化，如图 4-16 所示。再次单击这个小方块，就可以重新进入转场特效设置界面，修改转场特效或调整时间。

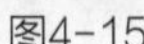
图4-15

图4-16

3. 转场特效的妙用

了解转场特效的使用方法，可帮助读者应用转场特效。

叠化转场呈现出来的效果就是前面一段素材逐渐消失，后一段素材慢慢显现，这能实现过渡更加自然的效果。单击需要添加转场特效的衔接处，添加“叠化”转场特效，将转场特效的时长滑块拉到最右端，再单击“全局应用”按钮将其应用到全局。

提示 若选择的视频素材时长不足5 s，需适当调整转场特效持续时间。

导入两个运镜方向一致的素材，为前一段素材设置曲线变速，选择自定义调节，将最后一个滑块拖曳到最上方，也为后一段素材设置自定义曲线变速，并将第一个滑块拖曳到最上方，再在两段素材间添加时长为 0.3 s 的“叠化”转场特效，即可完成变速转场特效的制作。

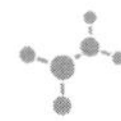

4.1.3 动画

动画和特效的作用相似，都可以提升视频的趣味性。在剪映中，动画分为入场动画、出场动画和组合动画，读者可以根据需要为视频的不同片段添加合适的动画效果。

1. 动画介绍

入场动画一般作为一段素材的开头，包括“轻微放大”“渐显”“斜切”等；出场动画一般作为素材的结尾，表示这一片段的落幕、演员的退场、环节的结束等，包括“折叠闭幕”“渐隐”“轻微放大”等；组合动画则作用在视频的中间片段，用于制作丰富的效果，包括“拉伸扭曲”“缩小弹动”“坠落”等，如图 4-17 所示。可以根据视频想展现的效果进行动画的添加，以及动画持续时间的设置。

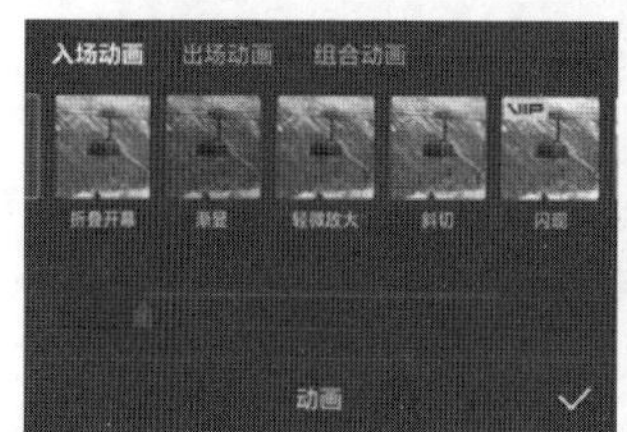

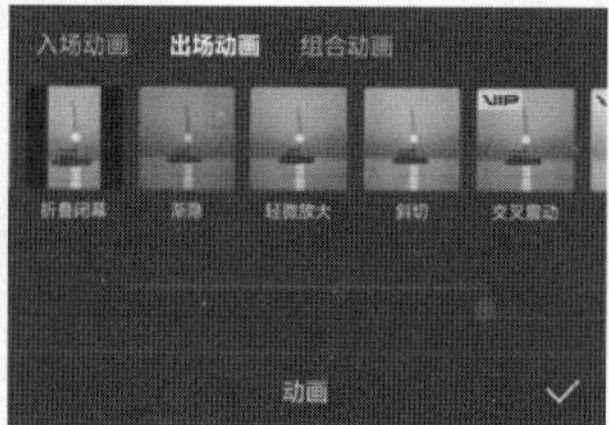

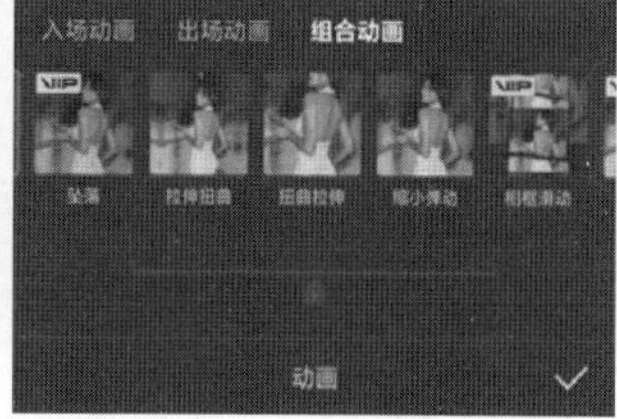

图4-17

2. 动画的基本操作

导入一段视频素材并选中，在下方单击“动画”按钮，所有入场动画都可实时在界面中进行预览，也可以单击喜欢的动画效果，在素材视频中进行预览。动画效果下方是整段视频的时间轴，拖曳滑块可以将动画效果覆盖在需要的范围内，如图 4-18 所示。

如图 4-19 所示，这 3 种动画效果共用同一条时间轴。时间轴上左侧的方框代表入场动画，右侧的方框代表出场动画，中间的方框代表组合动画。可以通过时间轴看到每段动画效果所覆盖的时间以及各效果所占整段视频的比例。调整好所有动画效果后，单击右下角的“ √ ”按钮即可完成动画效果的添加。

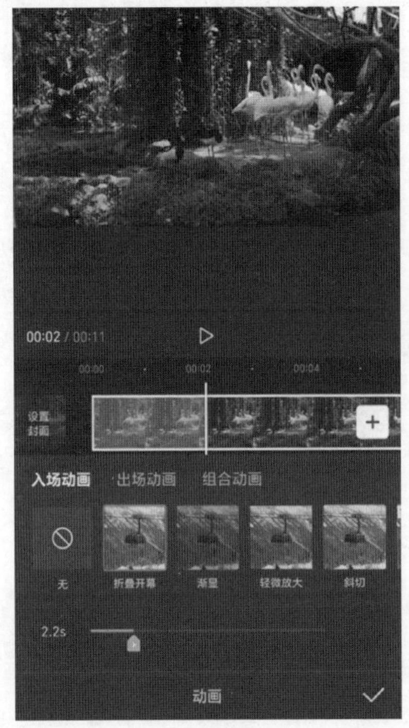

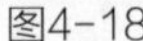
图4-18

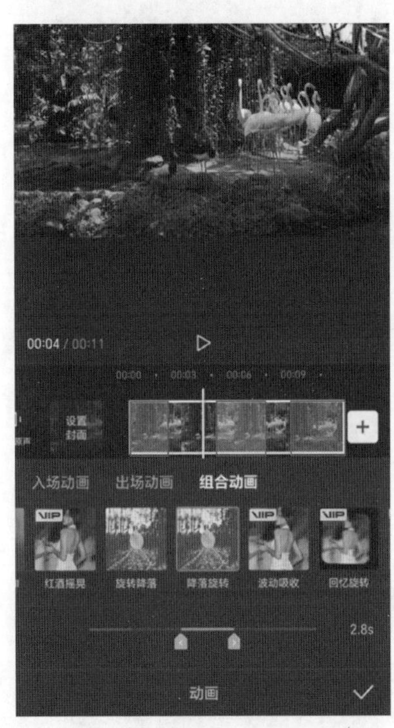

图4-19

4.2 在Premiere中添加特效

在 Premiere 强大的特效功能的帮助下，用户可以为视频制作精彩、炫酷的特效，从而使视频画面更加丰富。若短视频画面的切换不太自然，同样需要使用转场特效。本节主要介绍在 Premiere 中为视频画面添加特效和在视频衔接处添加特效的操作方法。

4.2.1 认识“效果”面板

“效果”面板是为时间轴上的素材添加音频特效或视频特效的面板。在

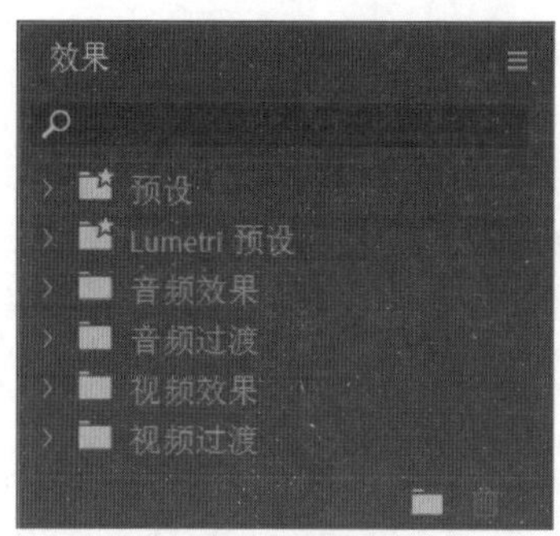

图4-20

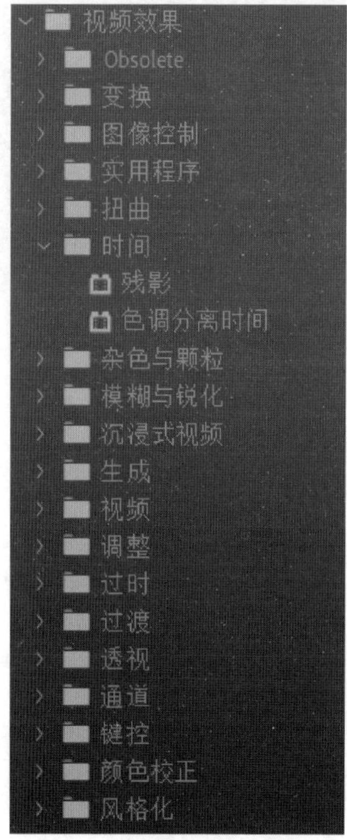

图4-21

Premiere中，“效果”面板包含“预设”“Lumetri预设”“音频效果”“音频过渡”“视频效果”“视频过渡”6个选项，如图4-20所示。

展开“视频效果”，再展开其中任意一类，可以看到多个视频效果，如图4-21所示。如果安装了第三方插件，可供选择的效果会更多。

因为“效果”面板中有太多的类别，不太容易查找，所以可以通过搜索框进行搜索，如图4-22所示。

同样，可以自定义常用效果，以便于在视频编辑中快速选择。在“效果”面板中，单击面板底部的“新建自定义素材箱”按钮，新的自定义素材箱会出现在效果列表的底部，拖曳常用效果至“自定义素材箱01”中，便于使用，如图4-23和图4-24所示。

图4-22

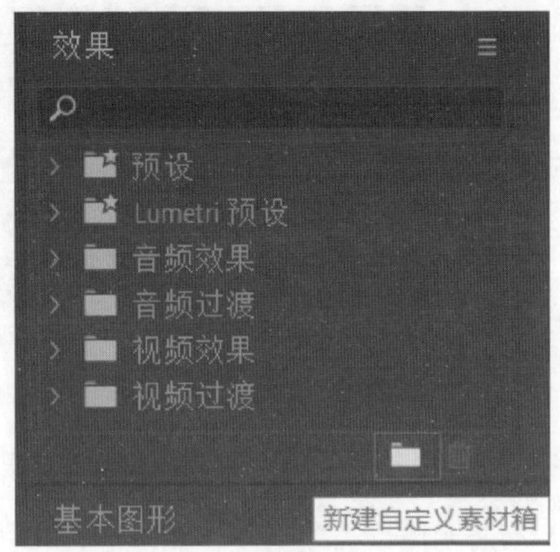

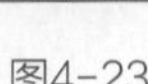

图4-23

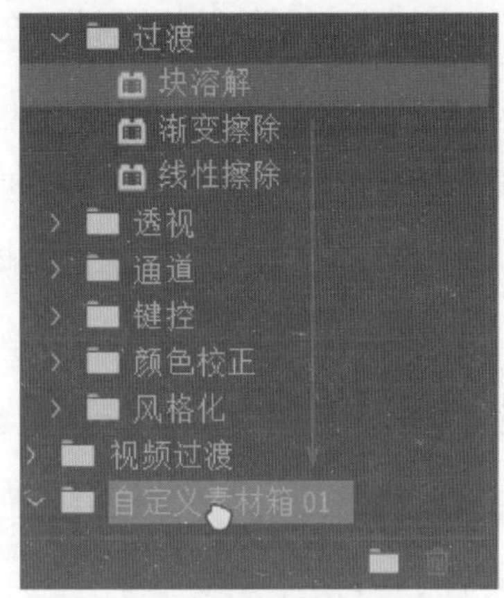

图4-24

4.2.2 视频效果

视频效果列表下有很多预设效果供用户使用，并且用户可以对效果进行自定义。本节以给图 4-25 所示的素材制作朦胧效果为例，讲解视频效果的操作方法和常用的视频效果。

图4-25

1. 添加

在 Premiere 中，将素材拖曳到时间轴中，并复制该素材到另一条时间轴上，

使两者对齐。选中上方的素材，在“效果”面板中找到“高斯模糊”，如图 4-26 所示。双击该效果，就能将其添加到“效果控件”面板（见图 2-57 左侧）中，或按住鼠标左键将选中的效果拖曳到“效果控件”面板中，也能达到同样的效果。

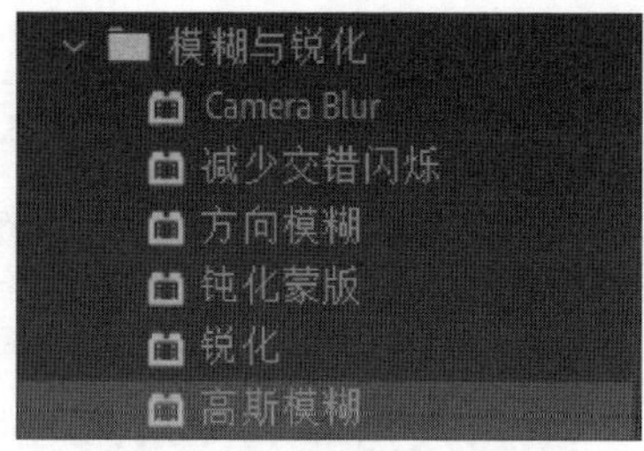

图4-26

2. 调整

效果的调整是在“效果控件”面板中完成的。调整添加的“高斯模糊”效果，提高模糊度，勾选“重复边缘”复选框，在“不透明度”选项组中，将“混合模式”改为“滤色”，朦胧效果就制作完成了，如图 4-27 所示。

图4-27

3. 隐藏

打开“效果控件”面板，在“效果控件”面板中，单击效果名称旁边的fx图标，就可以开启或隐藏该效果，如图 4-28 所示。

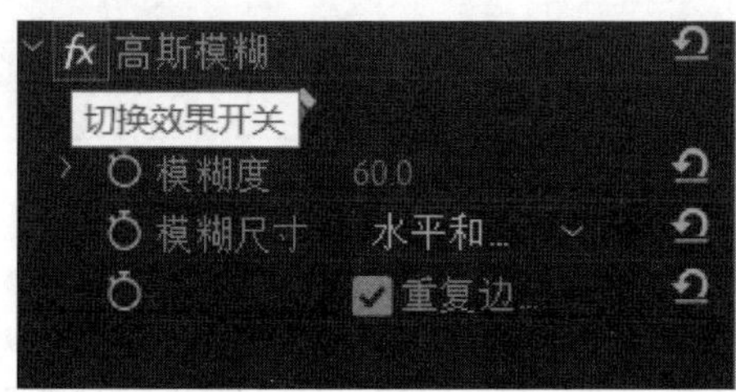

图4-28

4. 删除

选中素材，在“效果控件”面板中选中想要删除的效果，右击，选择“清除”命令，或按 Delete 键，该效果就被删除了。

5. 保存预设

为了在执行重复任务时节省时间，可以创建常用的预设效果。一种预设类型中可以存储多种效果。所有的效果设置好后，在“效果控件”面板中，按住 Ctrl 键依次单击所有效果，然后右击，选择“保存预设”命令，如图 4-29 所示。在弹出的“保存预设”对话框中，设置该预设效果的名称，单击“确定”按钮，进行保存，如图 4-30 所示。在使用时，在“效果”面板中展开“预设”，就可以找到自定义的预设效果，如图 4-31 所示。

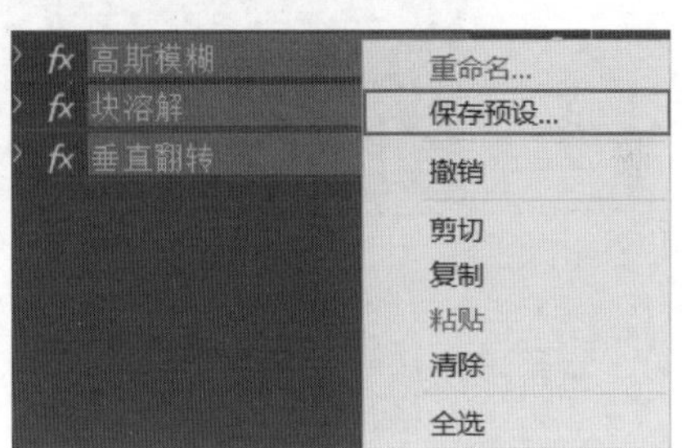

图4-29

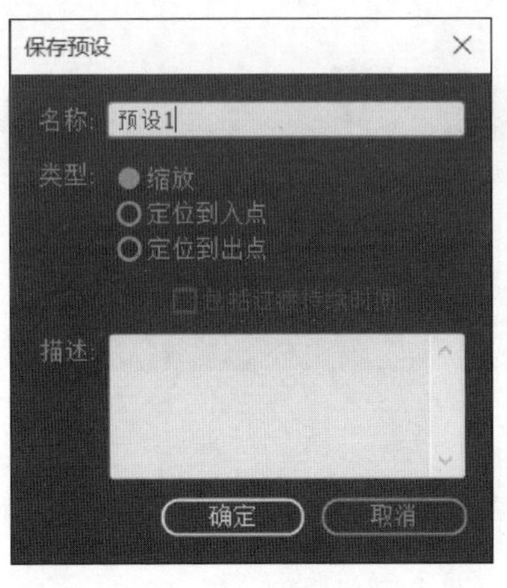

图4-30

图4-31

6. 常用的视频效果

在 Premiere 中，每种视频效果都有独特的功能。比较常用的视频效果如下。

- 裁剪：适合用于制作分屏效果，也可以用于制作电影效果，如图 4-32 所示。

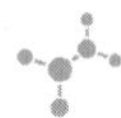

图4-32

• 残影：用于对画面进行叠加，制作重影的效果，如图 4-33 所示。

图4-33

• 变形稳定器：在视频有轻微抖动的情况下，自动分析镜头并尝试稳定画面。

4.2.3 视频过渡

在 Premiere 的“效果”面板中，“视频过渡”包含 8 类转场效果，如图 4-34 所示。

图4-34

1. 添加与调整

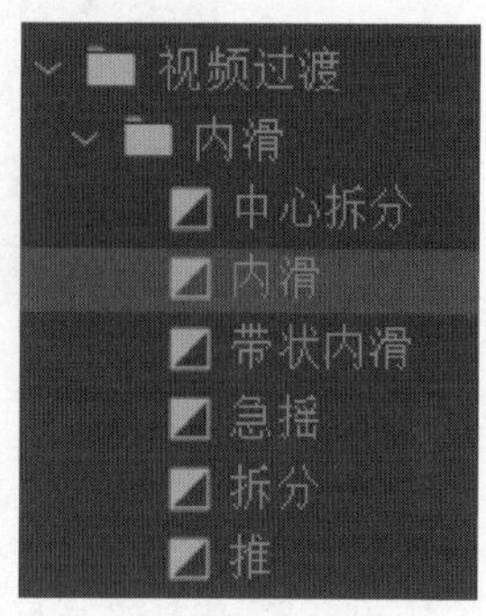

图4-35

以“内滑”效果为例，讲解视频过渡的添加方法。

展开“效果”面板中的“视频过渡”，选择“内滑”→“内滑”效果，如图 4-35 所示。

按住鼠标左键将该效果拖曳到想添加转场特效的视频中，如图 4-36 所示，在“效果控件”面板中，可以调整转场过渡的持续时间、切入位置、是否显示边框以及边框的宽度和颜色等。同时，能让效果反向，效果如图 4-37 所示。

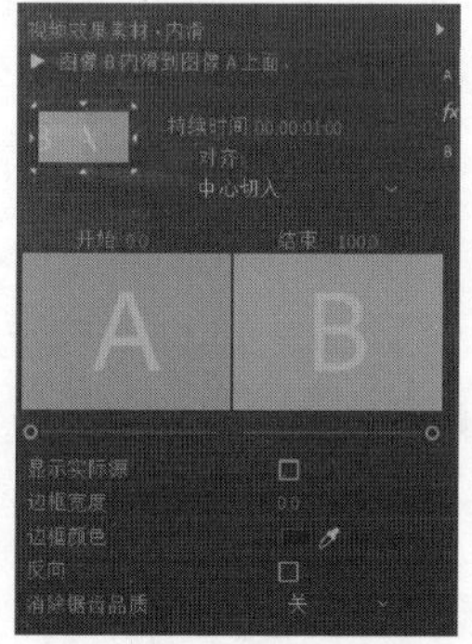

图4-36

图4-37

2. 常用的转场过渡

在“视频过渡”中，也有一些常用的转场过渡。

交叉溶解是指前一个画面与后一个画面相互叠加，两个画面在缓入缓出的过程中有重叠的效果，常用于表示时间流逝、刻画人物内心情绪、解决画面跳跃的问题，效果如图 4-38 所示。

图4-38

黑场过渡是指一个画面逐渐变暗直到完全不显示，下一个画面逐渐清晰直到完全显示，常用于区分片段。

白场过渡（闪白）是指一个画面逐渐变亮，直到变为纯白色，再逐渐显现下一个画面，常用于强调抒情、刻画回忆等，可以配合重音模拟相机胶片曝光的效果。

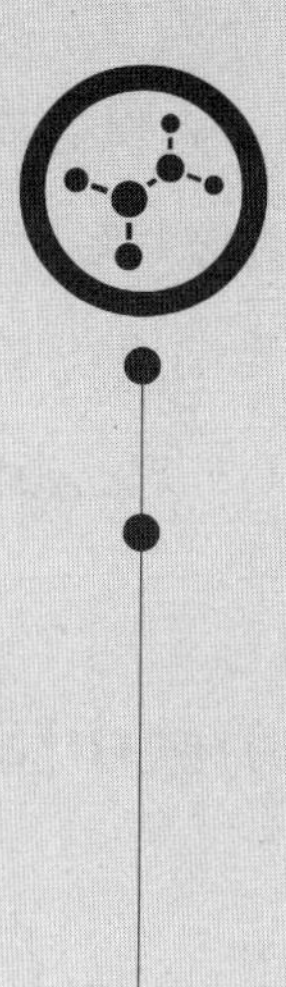

第 5 章

音频——调动观众情感变化

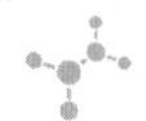

短视频中的音频包括背景音乐、人物配音和各种音效等。在短视频制作中，音频制作是一项十分重要的内容，直接关系到短视频的质量。将音频与视频结合，能有效地调动观众的情感，更好地帮助观众理解短视频的内容。本章将分别讲解使用剪映和Premiere进行音频添加与处理的操作方法。

5.1 在剪映中添加音频

在剪映中编辑视频时，可以为视频添加音频。剪映有庞大的音乐库和音频库供短视频创作者选择。剪映还提供了能在抖音平台上商用的音频，以及便捷且强大的音频处理功能，让用户在快速选择音频的同时，根据视频的需要，对音频进行二次加工和编辑。本节将从添加音乐与音效和音频处理两个角度讲解在剪映中添加音频的方法。

5.1.1 添加音乐与音效

为了让短视频的效果更加完整，创作者可以根据视频想要传递的整体情感添加合适的音乐与音效，也可以利用歌曲中的歌词，使其与视频相互呼应。本节主要讲解使用剪映添加音乐与音效的方法。

1. 添加音乐

在短视频中，音乐用于烘托氛围和渲染气氛。例如，对于旅游Vlog、户外运动等轻松主题，可以使用一些欢快、富有节奏的音乐；对于以节日为主题的视频，可以添加抒情、慢节奏的纯音乐。添加音乐的方法如下。

在剪映中，导入素材后，在下方工具栏中先选择“音频”，再选择“音乐”，如图5-1所示，进入歌单界面。

在歌单界面中，上方是各种风格的音乐，包括“抖音”“卡点”“VLOG”等，各分类里包含同一主题的各种音乐，用户可以根据需要选择分类，下方是不同分类的音乐，包括“推荐音乐”“收藏”“抖音收藏”“导入音乐”等，如图 5-2 所示。

“推荐音乐”提供了近期的热门音乐，使用热门音乐会使视频上传后更容易被观众浏览到，从而更有可能提高浏览量，也更容易为视频提供热度。单击相应音乐，即可自动下载并试听。下载音乐之后，单击“使用”按钮，即可将所选音乐添加进当前编辑的视频中，如图 5-3 所示。

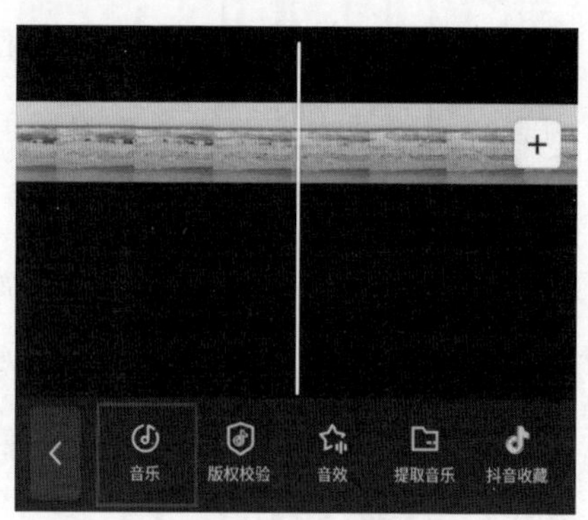

图5-1

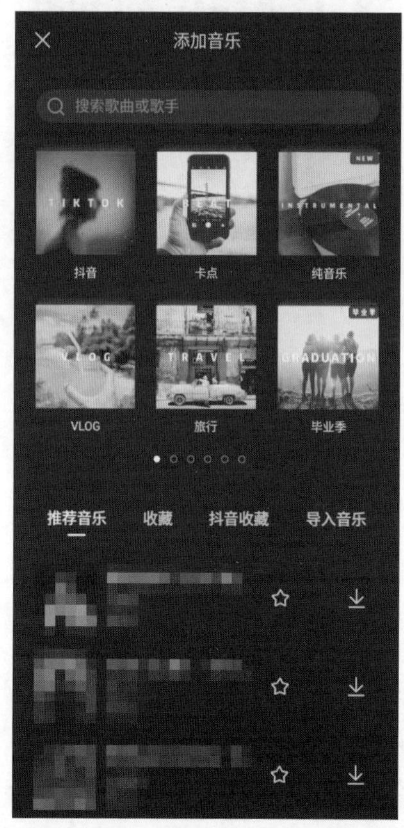

图5-2

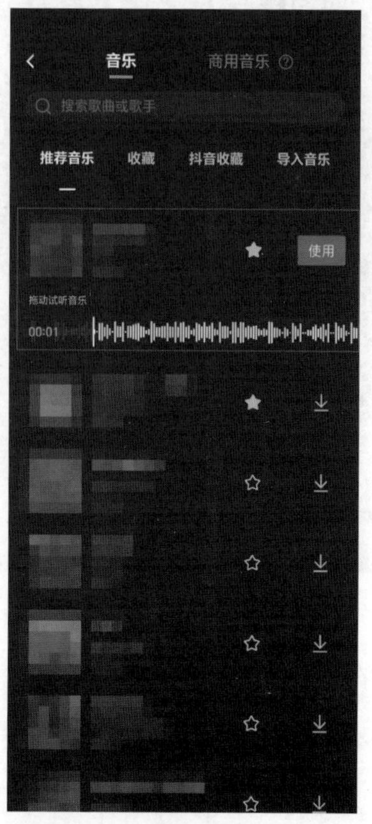

图5-3

若想在接下来的视频制作中重复使用所选音乐，但又怕在音乐库中找不到，可以单击“使用”按钮旁边的五角星形按钮进行收藏。若五角星形的按钮变亮，即收藏成功。收藏的曲目可以在“收藏”选项卡中找到，其中存放着用户在剪映中收藏的所有音乐，便于用户在剪辑视频时快速找到并添加，如图 5-4 所示。

因为剪映是抖音官方推出的视频剪辑工具，所以在登录同一账号的情况下，在“抖音收藏”中，可以找到当前用户在抖音中收藏的音乐，快速跨平台使用音乐素材，如图 5-5 所示。

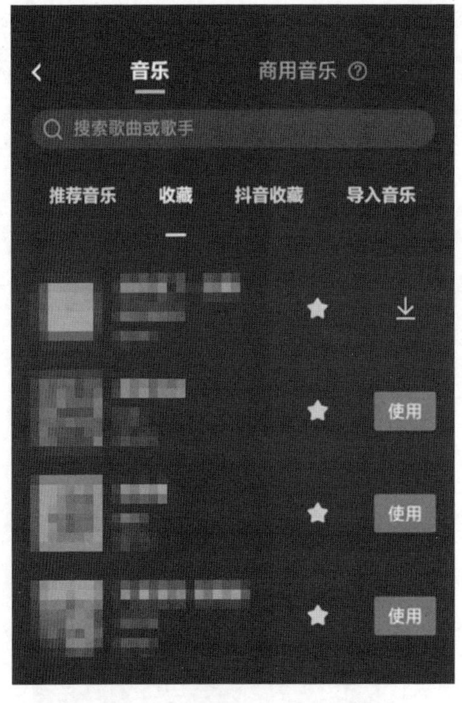

图5-4

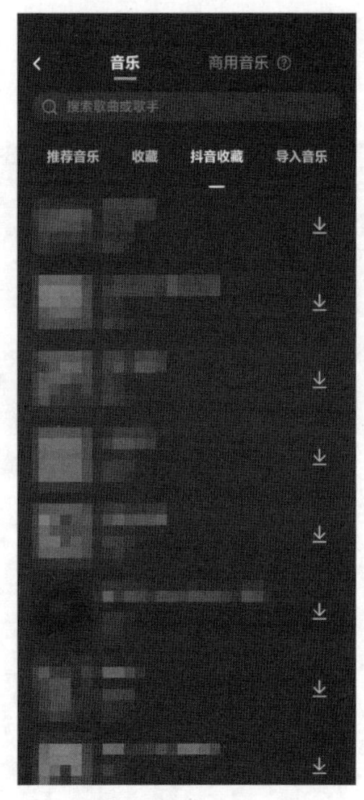

图5-5

在“导入音乐”选项卡中，可以导入第三方的音乐，可以通过“链接下载”“提取音乐”“本地音乐”3 种方式进行导入，如图 5-6 所示。

选择“链接下载”选项，通过粘贴抖音视频链接，提取抖音视频中的音频，实现音频的快速使用。例如，如果在其他抖音视频中有非常适合当前剪辑的视频的音乐，但不知道音乐标题，就可以使用这种方法快速使用对应音乐；若当前视频是对其他用户的视频利用音频进行二次翻拍的，也可以用这种方法提取音频。

图5-6

“提取音乐”选项用于在本地视频中提取音频，并将其使用在当前剪辑的视频中。例如，若在有些视频素材中需要使用一个视频的画面和另一个视频的音频，就可以使用这种方法。

“本地音乐”选项用于直接使用已经下载的音频，包括音乐、录音等形式的音频格式文件。例如，录制好的音频、想要在视频里引用的录音等，都可以通过“本地音乐”选项添加。

2. 添加音效

音效指声音效果，用于在短视频中提醒某些事物和场景的状态与变化，完善场景和情节，实现与观众共情。例如，当视频中有镜头切换时，可以通过添加音效提醒观众；当视频中出现搞笑情节时，可以通过添加音效增强视频感染力；当视频中有悬疑内容时，可以通过添加音效渲染气氛。

添加音效的方法如下。

在剪映中，导入素材后，将播放指示线定位至需要添加音效的时间点，在下方的工具栏中先选择“音频”，再选择“音效”，视频下方显示“热门”“笑声”“综艺”“机械”等音效，如图 5-7 所示。

添加音效的方法与添加音乐的方法相同，单击音效名称右侧的“使用”按钮，即可成功添加音效至剪辑的视频素材中，添加的位置以播放指示线为起点，如图 5-8 所示。

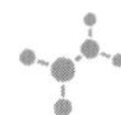

图5-7

图5-8

3. 录音

录音功能是直接在素材中添加音频的功能，可以直接为短视频配音。例如，要对剪辑好的视频素材进行讲解，可以使用这个功能。录音功能的使用方法如下。

在剪映中，导入素材后，在下方工具栏中先选择“音频”，再选择“录音”，进入录音界面。单击中间的录制按钮，3 s 倒计时结束即开始录音，再次单击录制按钮，即可结束录音。完成录制后，音频将自动添加到剪辑界面的轨道中，如图 5-9 所示。

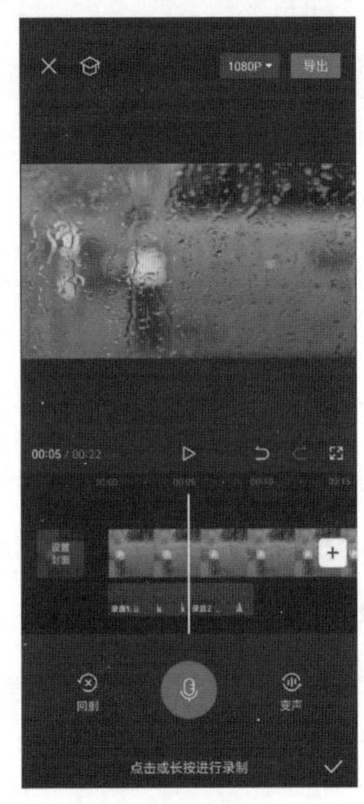

图5-9

录制结束后可根据需要对当前录制的音频

进行回删或变声。回删可以删除上一段录制的音频，而变声可调整当前录制的音频效果，使其更符合视频特色。当不想用原声进行配音时，可使用这项功能。在剪映中，预设的变声效果有很多，包括“环绕音”“回声”等，大家可以根据自身喜好和视频要求选择需要的效果。

5.1.2 音频处理

音频处理就是对原始的音频素材进行调整，让音频的效果更加理想。音频的处理可以在任何音频的基础（包括音效、录音、音乐）上进行。本节主要讲解使用剪映进行音频处理的方法。在剪映中，处理音频的工具栏如图 5-10 所示。

图5-10

1. 音量

调节音频音量就是对音频素材的音量进行调整，以满足制作需求。例如，在进行视频编辑时，若出现音频音量大小不均的情况，就可以通过调节音频音量控制视频的整体音量。

调节音频音量的方法如下。

在剪映中，在剪辑的项目中添加音频素材后，选中音频素材，单击底部工具栏中的“音量”按钮，打开“音量”滑块，左右拖曳滑块即可改变音量大小，如图 5-11 所示。每次对音量进行调整，视频都会从音频的开始位置进行播放预览。

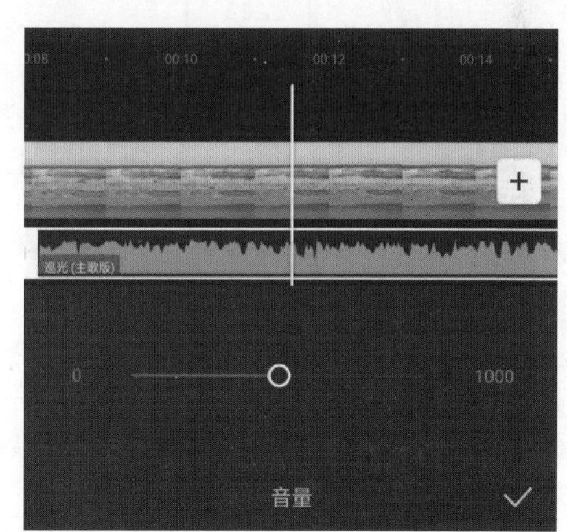

图5-11

2. 复制、分割和删除

音频的复制、分割和删除是对音频进行剪辑与处理的基本操作。学会这些操作即可对音频进行简单处理。

音频的复制就是将所需的音频额外制作一份或多份的操作，能够使该段音频

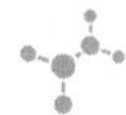

反复出现。当短视频中的音频反复出现时，有表达主旨、揭示主题或在视频的不同阶段产生不同效果的作用。

对音频进行复制的方法如下。

在剪映中，在剪辑的项目中添加音频素材后，选中音频素材，单击底部工具栏中的“复制”按钮，即可成功复制，如图 5-12 所示。

音频的分割就是将一段完整的音频素材分割为多段，实现对素材的重组和删除等操作。例如，若在导入的一段音频中只需要其中的一个片段，就可以结合分割和删除功能对音频进行处理；若根据视频节奏需要，一部分背景音乐要随视频变速，就可以结合分割和变速，对音频进行处理。

对音频进行分割的方法如下。

在剪映中，在剪辑的项目中添加音频素材后，选中音频素材，将播放指示线定位至需要进行分割的时间点，单击底部工具栏中的“分割”按钮，即可将音频素材一分为二，如图 5-13 所示。

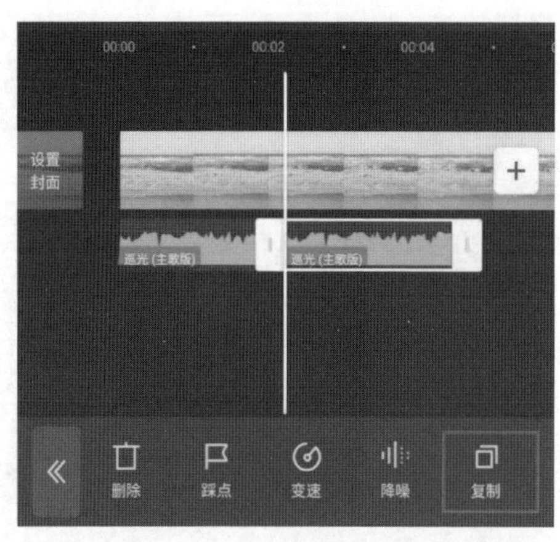

图5-12

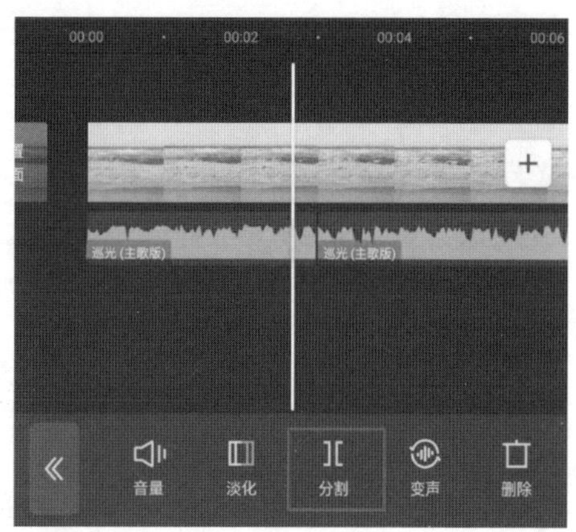

图5-13

音频的删除就是把音频中不想要的部分清除。例如，在进行视频编辑时，若发现音频的时长过长，就可以使用删除操作，把多余的部分删除。

对音频进行删除的方法如下。

在轨道中选择需要删除的音频，单击底部工具栏中的“删除”按钮，即可将所选音频删除。删除前如图5-14所示，删除后如图5-15所示。

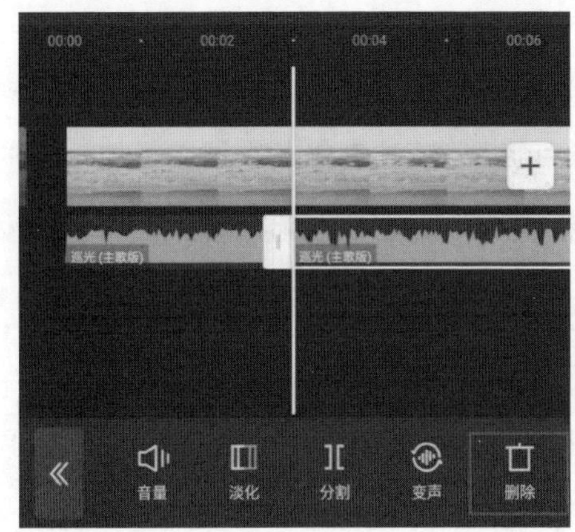

图5-14

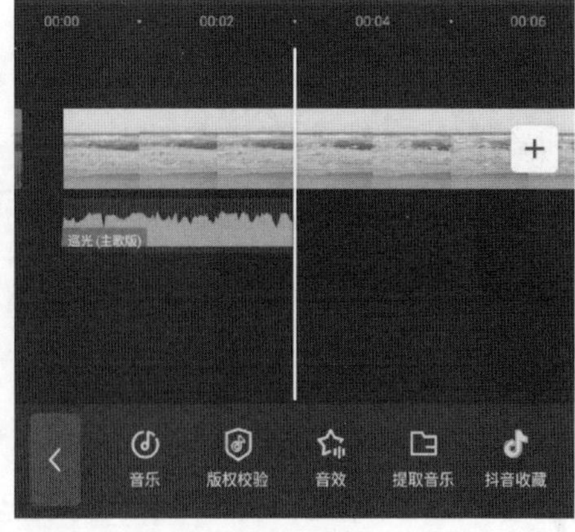

图5-15

3. 变速

对音频进行变速处理就是调整音频的播放速度，使其变快或变慢，以符合视频的整体节奏。为音频进行恰到好处的变速处理，搭配有趣的视频内容，可以增加视频的趣味性。例如，在进行视频编辑时，想要配合视频的加速效果，实现更好的视频效果，就可以对音频进行变速处理，让其节奏变快。

对音频进行变速处理的方法如下。

在剪映中，在剪辑的项目中添加音频素材后，选中音频素材，单击底部工具栏中的“变速”按钮，左右拖曳滑块即可调节音频素材的播放速度，如图5-16所示。

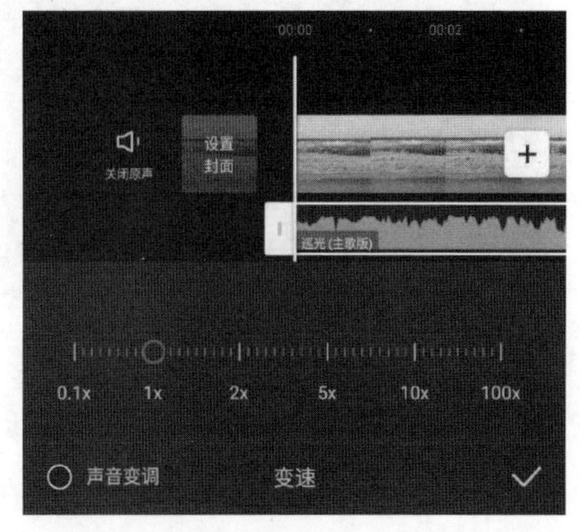

图5-16

在进行音频变速操作时，当音频的播放速度提高时，音调也会变高。当剪映默认导入的音频为人声旁白时，音频

加速后不变调，但要呈现出加速后人声旁白的音调变高的效果，可以选择左下角的“声音变调”单选按钮。

4. 变声

对音频进行变声处理就是改变音频素材的音色和音调。这样的处理不仅可以增加音频的可听性、增强视频的趣味性，还可以让视频创作者维持其虚拟形象的人物设定，形成鲜明特色。另外，还可以将人声处理为“萝莉”音、大叔音和女生音等效果。

对音频进行变声处理的方法如下。

在剪映中，在剪辑的项目中添加音频素材后，选中音频素材，单击底部工具栏中的“变声”按钮，在弹出的界面中，有“基础”“搞笑”“合成器”“复古”4个选项卡，用户可以根据想要的音频效果，选择对应的变声效果，快速完成音频变声。单击所选的变声效果即可试听。变声效果也可用于调整“音调”“音色”“强弱”等，如图5-17和图5-18所示，设置好后，单击“√”按钮，即可完成音频的变声处理。

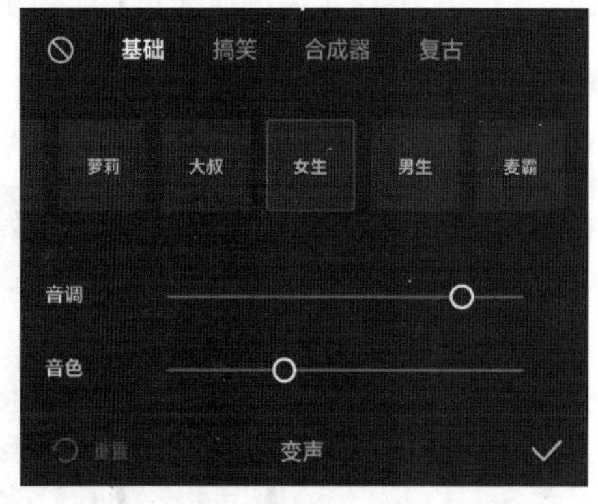

图5-17

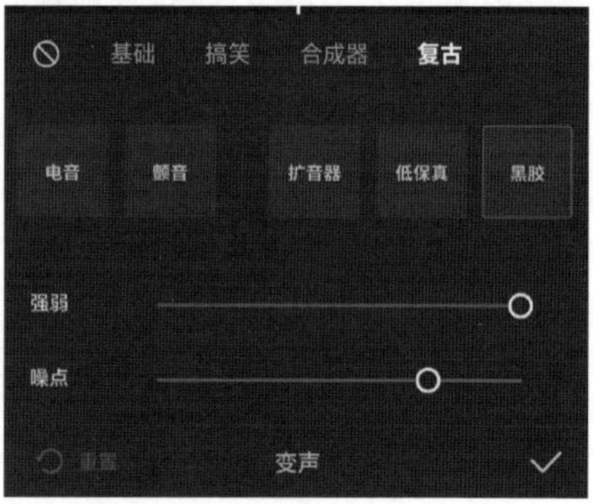

图5-18

5. 淡化

音频淡化包括淡入和淡出，就是在音频开始播放时声音由小变大，结束时声音由大变小渐渐消失的效果。音频淡化会让音乐间的衔接更加自然。

设置音频淡化的具体操作如下。

在剪映中，在导入音频后，选中要调整的音频，单击“淡化”按钮，调整该音频的“淡入时长”和“淡出时长”。同样，每调整一次，视频就会从该音频起点开始播放预览，当调整好淡入时长、淡出时长后，单击右下角的“√”按钮即可完成调整，如图5-19所示。调整好后，该音频轨道中会出现一个椭圆形，表示音频音量从小到大和从大到小的过程，如图5-20所示。

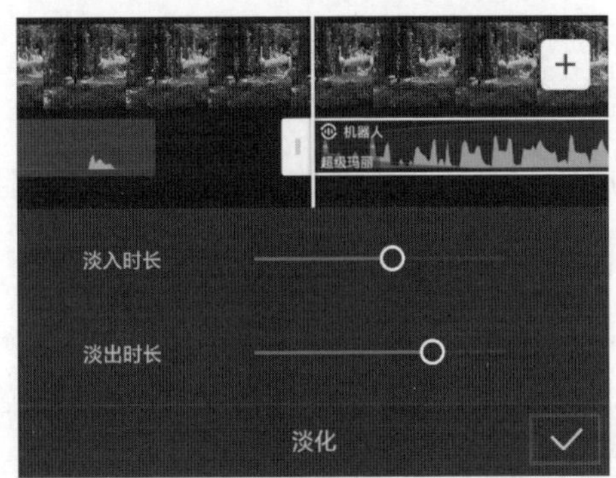

图5-19

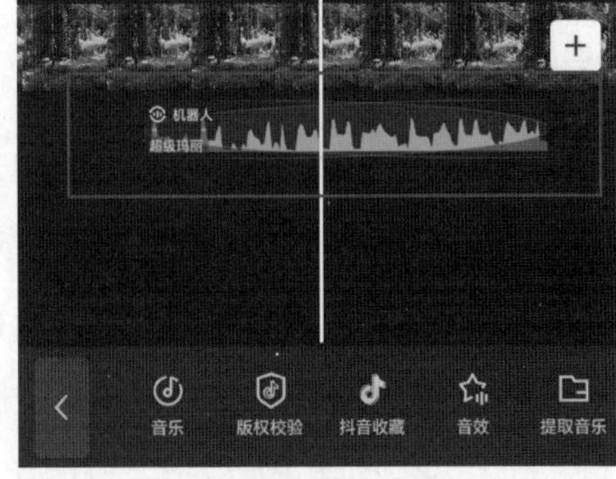

图5-20

5.2 在Premiere中添加音频

音频是短视频很重要的组成部分。Premiere提供了多种调整音频的功能，不仅包括调整音量大小、左右声道音量大小，还有各种预设的音频效果，以模拟出不同的声音质感，从而起到渲染情绪、烘托气氛等作用。

5.2.1 添加音频

在Premiere中，在项目面板中，将“音频1”素材拖动添加至时间轴的A1轨道，即可添加音频。若音频比视频持续的时间长，可以选择工具栏中的“剃刀工具”，切割A1轨道的音频，将后面多余的部分删除，如图5-21所示。

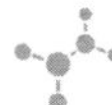

图5-21

5.2.2 录制画外音

录制画外音一般是在视频整体制作完成后，对成品视频的旁白进行补充，且能实时在 Premiere 中进行修改和调整。接下来，介绍具体操作。

在 Premiere 中，新建序列并添加素材，视频和音频占用两条轨道，一般在录制画外音时会单独使用一条轨道进行录制，避免在后期调整音量时损坏原视频的音频。单击一条空白音频轨道左侧的传声器按钮，传声器按钮的颜色变为红色，当视频下方出现“正在录制”的字样时，如图 5-22 所示，就可以开始录音了，再次单击传声器按钮或按空格键即可停止录制。

图5-22

提示 若在原音频轨道上进行录制，之前的音频会被覆盖，同时形成两段没有间隙的音频。

5.2.3 视频、音频的分离与合并

在剪辑视频时，因为从素材栏拖入的视频文件是由音频、视频自动链接形成的，所以进行移动、复制或删除的操作会将视频和音频一起移动。若在制作视频时需要去掉原视频的声音，再添加新视频，就需要将视频和音频分离，从而分开操作。接下来，介绍具体操作。

首先，在 Premiere 中，导入需要的素材，右击视频或音频轨道，选择“取消链接”命令，如图 5-23 所示，对应的快捷键为 Ctrl+L，就可以将视频和音频分离，方便后续操作。

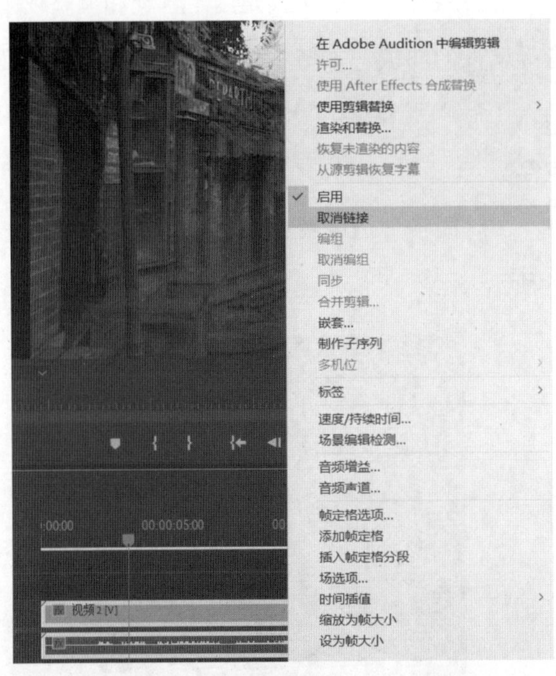

图5-23

若想让一段视频和音频合并，方便同步进行基本操作，可以按住 Shift 键选中

或框选住所有需要合并的音频和视频，在选中的区域右击并选择“链接”命令，如图 5-24 所示。

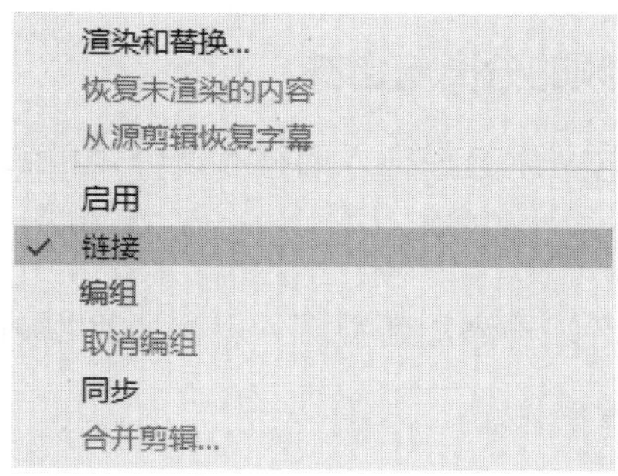

图5-24

5.2.4 音频调节

在 Premiere 中，“效果控件”面板不仅是用于管理和调整视频基本属性的面板，还是管理和调整音频属性的面板。本节主要讲解“效果控件”面板中音频属性的设置方法。

1. 音频效果控件

在 Premiere 中，在时间轴上选中音频，在“效果控件”面板中调节音频的相关属性，如图 5-25 所示。

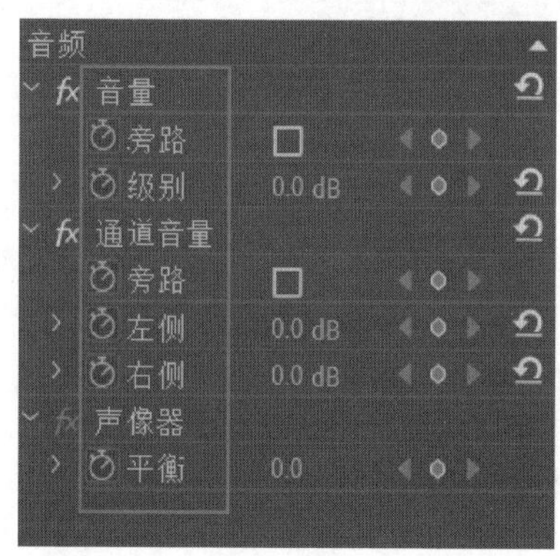

图5-25

“旁路”用于启用或关闭音频效果，若勾选该复选框，音频效果将关闭。这个功能多用于做效果的前后对比。“级别”用于调节音频的分贝值，控制音量的大小。“通道音量”用于分别调节左右声道的音量大小。“声像器”用于调节音频素材的声像位置，去除混响声。

2. 调节音量

若添加的音频或者预设音频的音量过大或过小，就需要对音频的音量进行调节。调节音量有3种方式。

一是使用音频效果控件。在Premiere中，选中需要编辑的音频素材，在“效果控件”面板中展开“音量”，调节“级别”，负数表示调小音量，正数表示调大音量，如图5-26所示。

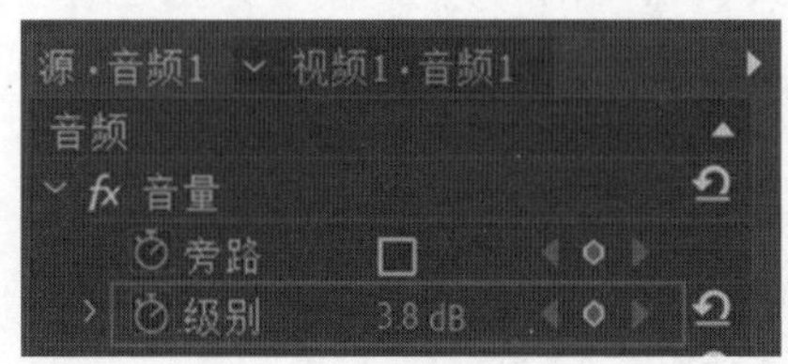

图5-26

二是使用音频增益。在Premiere中，右击需要调整的音频片段，选择“音频增益”命令，如图5-27所示，会弹出“音频增益”对话框，如图5-28所示。其中，“调整增益值”与“级别”的功能相似，正数表示调大音量，负数表示调小音量，零表示音量不变。

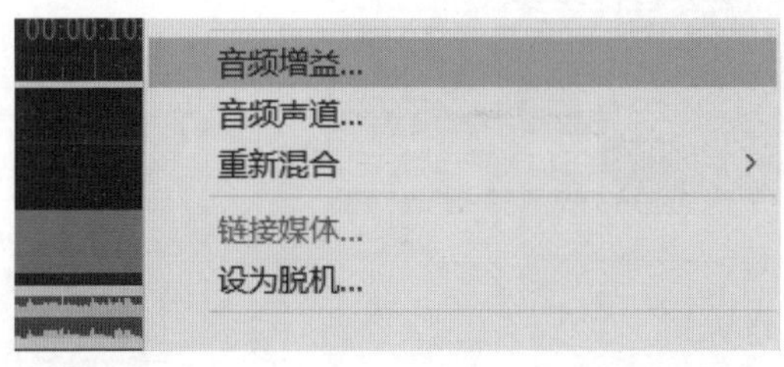

图5-27

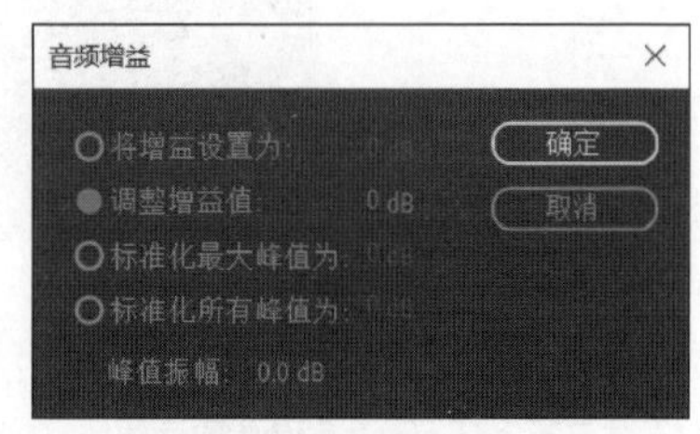

图5-28

三是直接拖曳音频线。在Premiere中，拉宽音频轨道后，可以看到音频中间

出现一条可以拖曳的线，可以通过拖曳音频线调节音量，向上拖曳会使音量变大，向下拖曳会使音量变小，如图 5-29 所示。

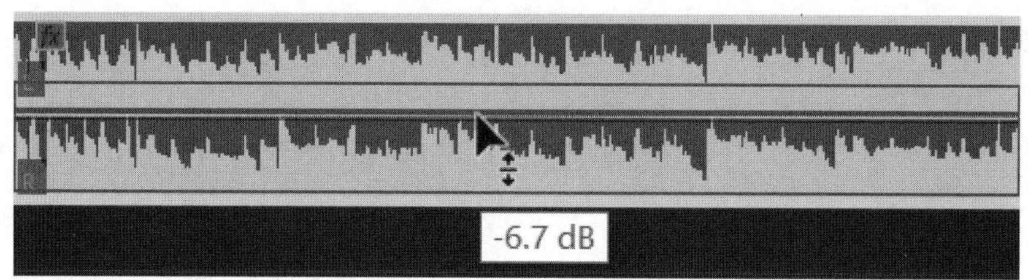

图5-29

3. 淡入淡出

在视频制作中，开头和结尾的音频音量大多会逐渐增强和减弱，这样才会使整体视频给人的观感不会过于突兀。接下来，讲解音频淡入淡出的操作方法。

在 Premiere 中，拉宽音频轨道，显示音频线，将播放指示线移动到需要调节音量的位置，单击“效果控件”面板中“级别”旁的“添加 / 移除关键帧”按钮，添加音频关键帧，如图 5-30 所示。或者按住 Ctrl 键并在相应位置单击，直接在音频线上添加关键帧。

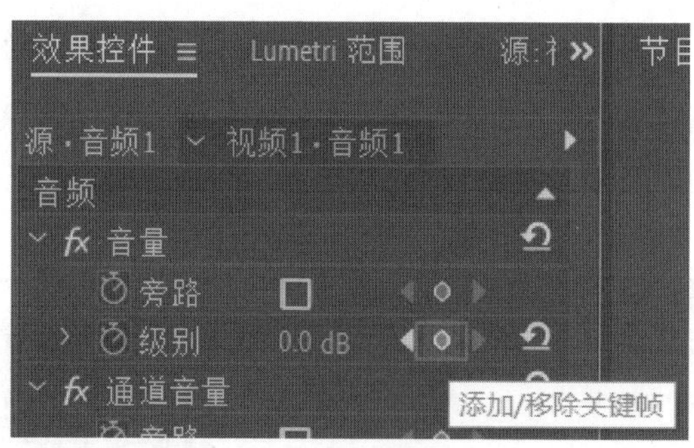

图5-30

在素材开始位置和需要将音频恢复为原本音量的位置各添加一个关键帧，选中第一个关键帧，向下拖曳至最低点，即可完成淡入效果。选中第二个关键帧，左右拖曳可以控制淡入的时间长度，如图 5-31 所示。此时，按空格键播放，即可听到添加了淡入效果的音频。

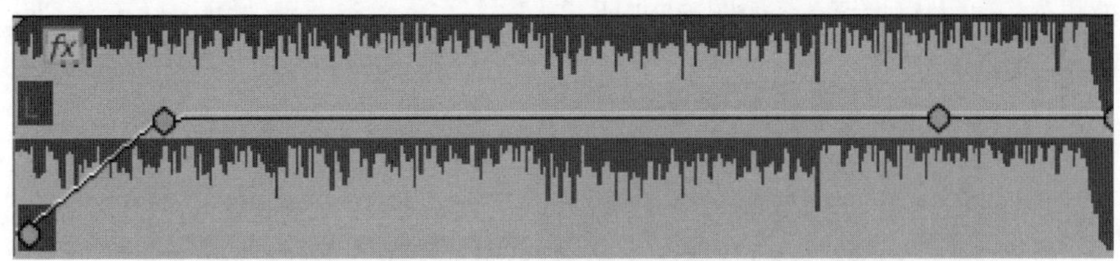

图5-31

按照上述方法，添加结尾的关键帧并为音频添加淡出效果，如图 5-32 所示。

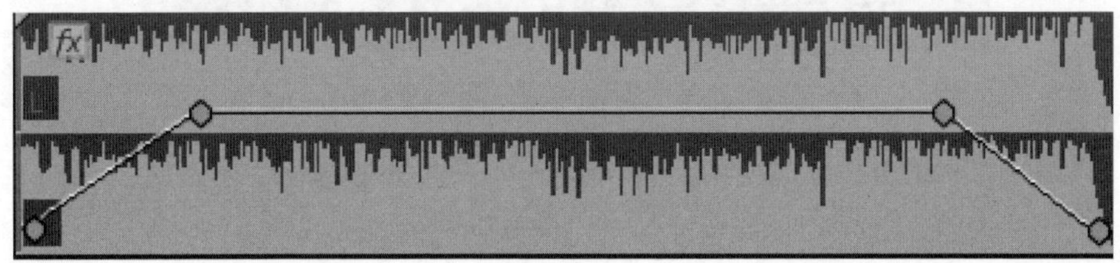

图5-32

4. 音频效果

Premiere 中预设的音频效果包括 12 类，其中一些是视频制作中常用的音频效果。接下来，介绍常用的音频效果。

调节音频最常用的操作之一就是对声音进行降杂 / 恢复处理，Premiere 中有 4 种方法，如图 5-33 所示。

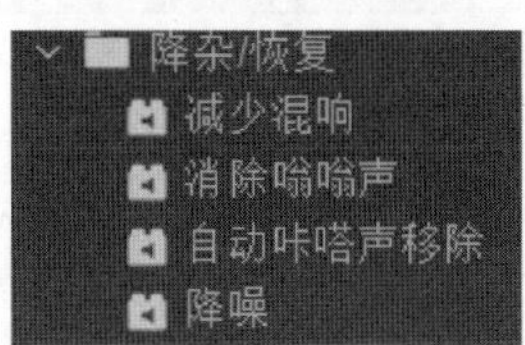

图5-33

在前期收录人声时，如果某些因素导致音频素材中的人声大小不一或者不能突出主角，就可以用“人声增强”效果。具体操作如下。

在 Premiere 中，选中音频素材，在“效果”面板中，选择“音频效果”→“特殊效果”→“人声增强”，如图 5-34 所示。

图5-34

在弹出的对话框中，单击右上角的按钮，即可调整音频的效果，如图 5-35 所示。

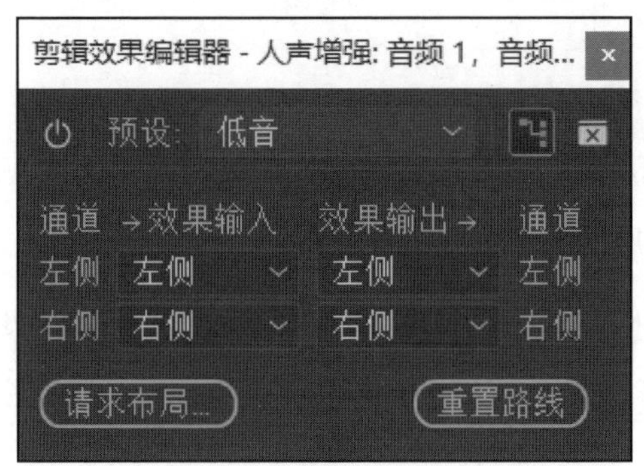

图5-35

在后期制作中，如果想给音频素材增加一种缓慢的回声效果，那么可以给音频素材添加“模拟延迟”效果。具体操作方法如下。

选中音频素材，在“效果”面板中，双击“音频效果”中的“模拟延迟”，在“效果控件”面板中，单击“模拟延迟”效果中的“编辑”按钮，在弹出的对话框（见图 5-36）中，选择“预设”下拉列表中的各种延迟效果，并且在预设延迟效果的基础上自定义效果，如图 5-37 所示。

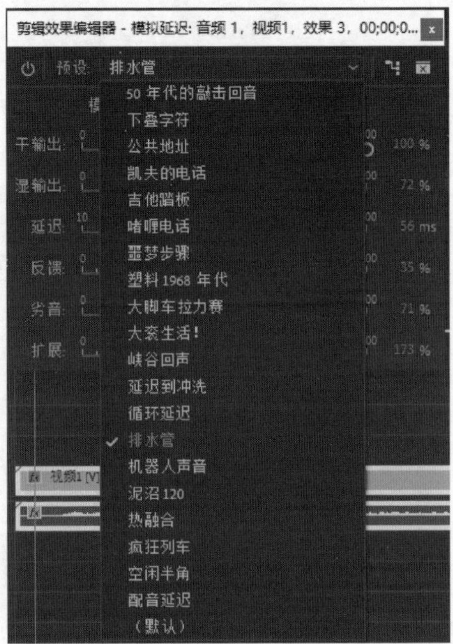

图5-36

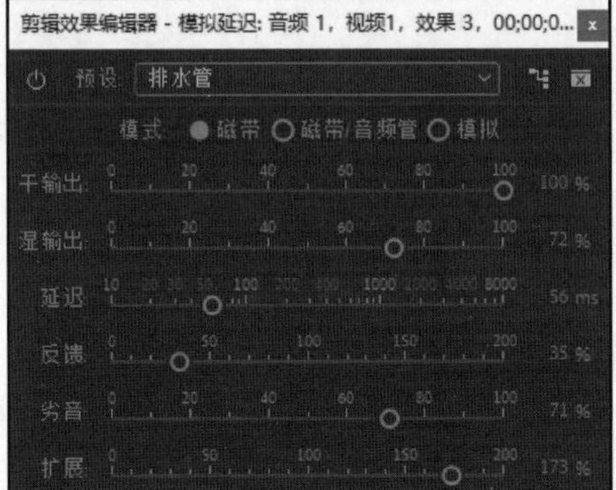

图5-37

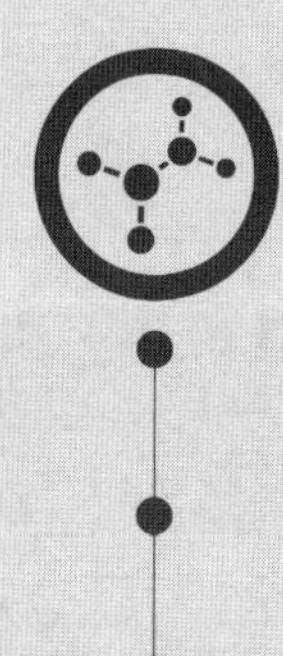

第 6 章

字幕——辅助观众理解

字幕是短视频的重要组成部分，是出现在视频下方的解说性文字以及其他形式的文字，包括片名、歌词、地名和年代等。在短视频中，字幕可以满足观众的观看需求，同时方便观众理解视频内容。例如，在电商类的短视频中，添加字幕能够很好地吸引观众的视线，引导他们发现商品的价值。本章将分别讲解使用剪映和 Premiere 添加字幕的方法。

6.1 在剪映中添加字幕

在剪映中添加字幕的方法非常简单，只需在想要添加字幕的视频画面中输入对应的文本即可。当字幕的文字较多时，使用剪映可以为短视频批量添加字幕。剪映中还预设了很多花字样式和文字模板供用户使用，以提升字幕的趣味性。本节将从添加字幕和设置字幕样式这两个角度讲解在剪映中为视频添加字幕的方法。

6.1.1 添加字幕

添加字幕就是为视频添加解说性文字，用于使观众欣赏和理解视频内容。例如，若在短视频中人物出现了对话，就可以添加对白字幕，如图 6-1 所示；若在 Vlog 中想将当前背景音乐的标题添加在画面中，也需要添加字幕，如图 6-2 所示。添加字幕的方法有手动添加字幕和识别字幕两种。

图6-1

图6-2

接下来，分别介绍这两种方法的具体操作。

1. 手动添加字幕

手动添加字幕适用于灵活的文字形式，可以将文字放置在任意位置和时间段。手动添加字幕的方法如下。

在剪映中，导入素材后，在下方工具栏中单击“文字”按钮，如图 6-3 所示。再单击“新建文本”按钮，如图 6-4 所示，然后输入文字，即可成功添加字幕。

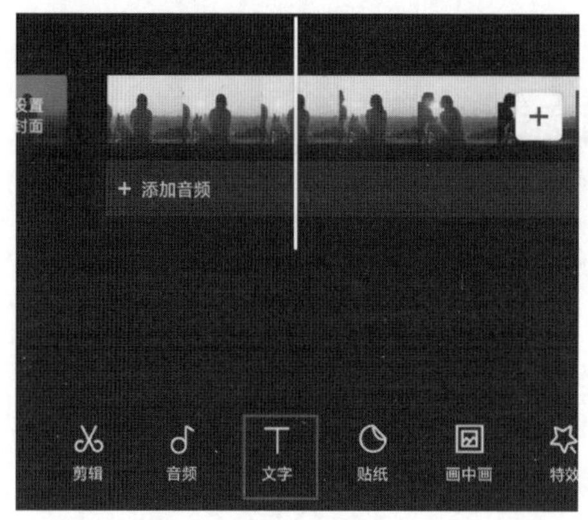

图6-3

图6-4

2. 识别字幕

识别字幕就是自动识别视频中的音频内容，形成字幕，这可以为用户节省时间。识别字幕的方法如下。

在剪映中，导入素材后，在下方工具栏中先选择“文字”，再选择“识别字幕”，在展开的选项组中，单击“开始匹配”按钮，如图 6-5 所示，即可自动为视频添加字幕。

图6-5

提示 识别字幕存在文字识别不准确的情况，可以在识别字幕的基础上，根据音频原意对字幕进行修改。

6.1.2 设置字幕样式

设置字幕样式就是改变字幕的颜色和排列等。不同样式的字幕能传达不同的情感和氛围。例如，白色的字幕显得客观、真实、准确；红、橙、黄等暖色调的字幕则给人以温暖、热烈的感觉。有时自定义的字幕样式无法满足当前视频的需求，可利用剪映中预设的花字、样式、文字模板和动画对视频画面进行装饰，如图 6-6 所示。本节介绍字幕的样式设置以及一些常用的字幕样式的设置。

帮写 字体 样式 花字 文字模板 动画

图6-6

1. 字体、样式和花字

在剪映中，在轨道中选中已添加文字的文本片段，选择“字体”，显示多种不同类型的字体，如图 6-7 所示，在字体选择界面中可以预览该字体的效果。“基础”类的字体比较百搭，“可爱”类的字体适合活泼、清新的视频风格，“复古”类的字体适合典雅的视频风格。可以根据视频的风格选择适当的字体。在轨道中选中已添加文字的文本片段，根据预览效果，单击想要的字体，即可在视频界面进行预览。

基础 可爱 复古 书法 手写 创意 英文

图6-7

在剪映的样式栏中，预设了一些文字样式，可以快速选择喜欢的样式，也可以在预设样式的基础上进行个性化调整，包括调整“字号”“透明度”“描边”“阴影”“排列”等，如图 6-8 所示，或者直接在基础文字样式之上设置自己喜欢的样式。选中想要修改样式的文字，选择“样式”，根据需要进行调整，修改好后，单击右侧的“ √ ”按钮即可。

花字能提供一些基础样式中没有的效果，包括渐变、文字填色样式、立体效果等，使用花字可以生成不同的效果，如图 6-9 所示。“花字”的效果列表中，也提前对效果进行了分类，包括发光、彩色渐变，以及不同颜色的分组，可以快速找到所需要的花字效果。不过花字是已经预设好的效果，不能在花字的基础上进

行个性化调节。

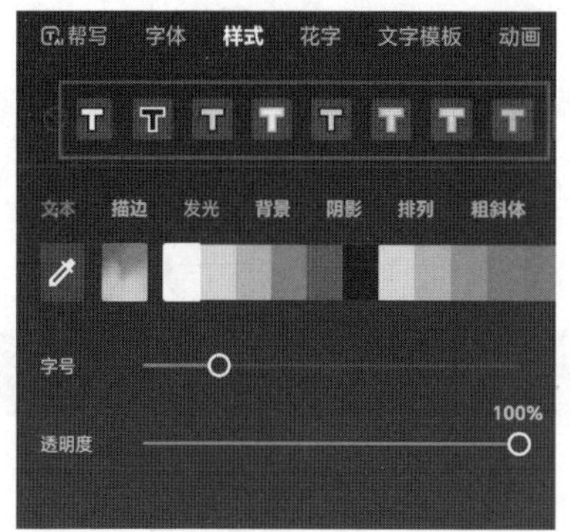

图6-8

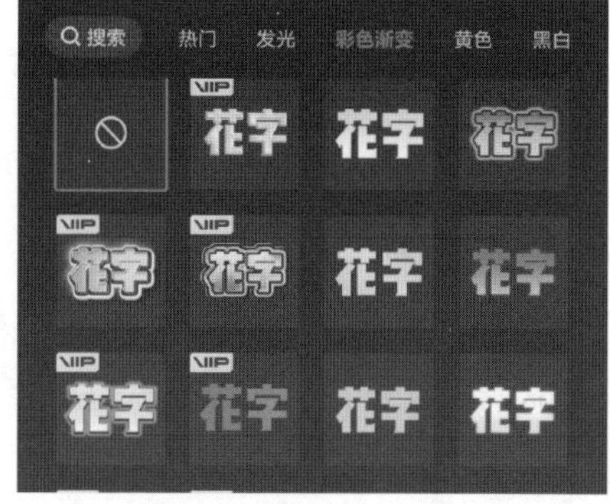

图6-9

提示 选中文本片段中的部分文字，可以修改局部的文字样式，如图 6-10 所示。

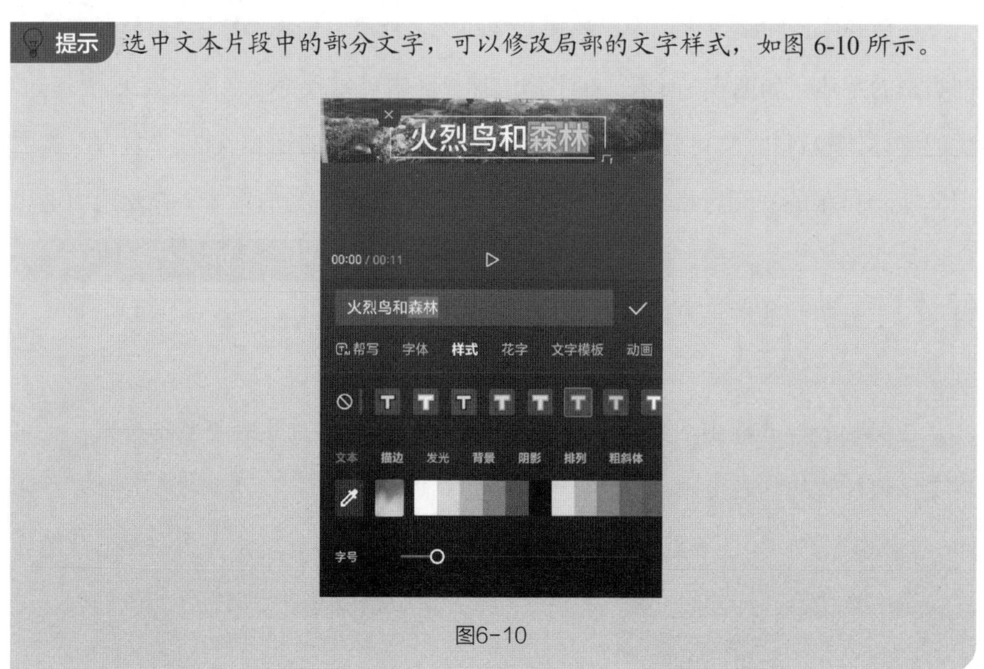

图6-10

2. 文字模板

文字模板在文字的基础上添加动画效果，主要用于突出重点、吸引观众。文字模板使用的场景有很多，包括片头标题、片尾谢幕、转场等，文字模板也根据场景进行了分组，如图 6-11 所示。也可以进入“文字商店”，按照分类进行选择，如图 6-12 所示。

使用文字模板的方式有两种。

一是选中需要添加文字模板的文字，在“文字模板”选项卡中，选择喜欢的效果，选中的文字会自动应用当前所选择的文字模板，如图 6-13 所示。

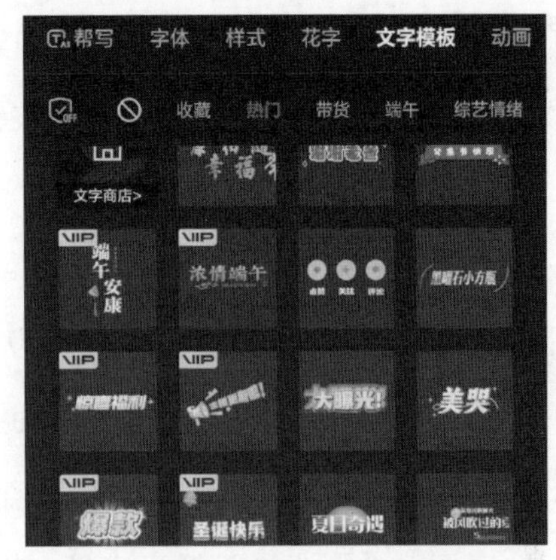

图6-11

图6-12

图6-13

二是在剪辑界面中先选择“文字”，再选择“文字模板”，在“文字模板”选

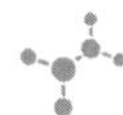

项卡中选择模板后，视频的效果预览中显示预设的文字，单击输入框，进行修改。完成后，单击右侧的“√”按钮，完成文字模板的添加。

3. 动画

动画包括入场、出场和循环等。动画不仅能对文字起到视觉增强的作用，还能对整体视频画面起到装饰作用。例如，“打字机Ⅳ”效果一般用于在关键信息上突出重点，如图 6-14 所示；“甜甜圈”效果经常用在视频的装饰部分，如图 6-15 所示。在 Premiere 中，可以选中需要添加动画的文字，选择“动画”标签，在“动画”选项卡中，添加入场、出场和循环等效果，拖曳下方滑块可以调整动画的持续时间和循环效果的快慢。

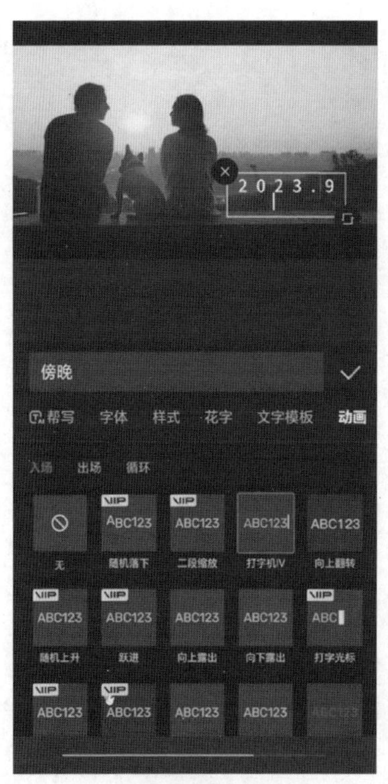

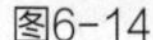

图6-14

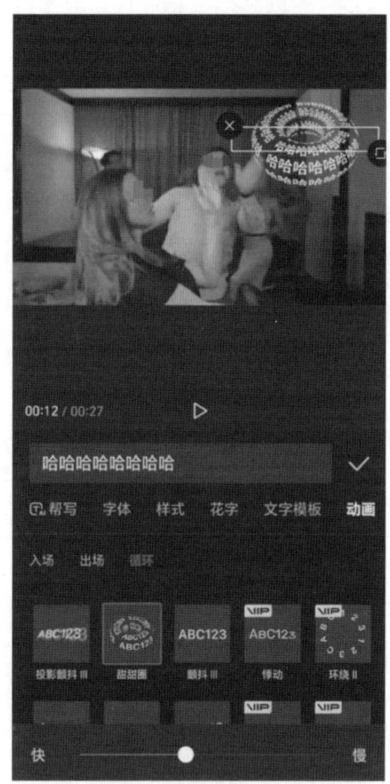

图6-15

4. 常用的字幕样式

视频剪辑中常用的字幕样式如下。

• 空心字体。选择需要修改的文字，将透明度调为 0，选择“描边”标签，在“描边”选项卡中，调整颜色和描边粗细，如图 6-16 所示。

图6-16

• 黑色背景。调整文字的颜色为白色，为其添加黑色背景，提高透明度、宽度和高度，也可以给文字添加黑色阴影，提高清晰度，如图 6-17 所示。

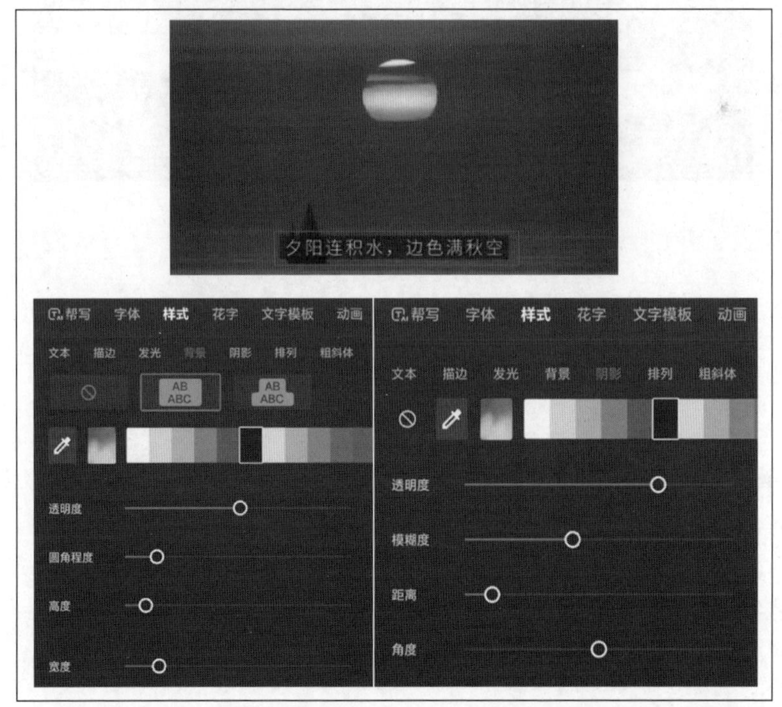

图6-17

• 俏皮、显著的字幕。选择有一定弧度的字体，修改文字的颜色为浅一点的颜

色，设置描边的颜色为同色系的深色，适当调整描边的粗细，如图 6-18 所示。

图6-18

6.2 在Premiere中添加字幕

Premiere 拥有多种创建和编辑字幕的工具，灵活运用这些工具能够创建具有各种效果的字幕，从而使短视频的内容更加丰富。

6.2.1 添加字幕内容

作为短视频的一个重要组成部分，字幕独立于视频、音频这些常规内容。为此，Premiere 为字幕准备了一个与音视频编辑区域完全隔离的字幕工作区，以便用户能够专注于字幕的创建工作。添加字幕的两种方式分别是使用字幕功能和使用“文字工具”。

1. 使用字幕功能

添加字幕时可能存在字幕叠加、对不齐音频的情况，而且添加字幕的过程也很烦琐。因此 Premiere 在更新时添加了新功能。下面讲解使用 Premiere 快速添加字幕的方法，以及手动添加字幕的方法。

转录序列是 Premiere 的新功能，可用于在有音频的基础上快速对音频进行文字转录，自动对齐音频并添加字幕到视频中。具体操作方法如下。

在 Premiere 中，先导入需要转录音频的素材，然后打开“文本”面板，如图 6-19 所示。

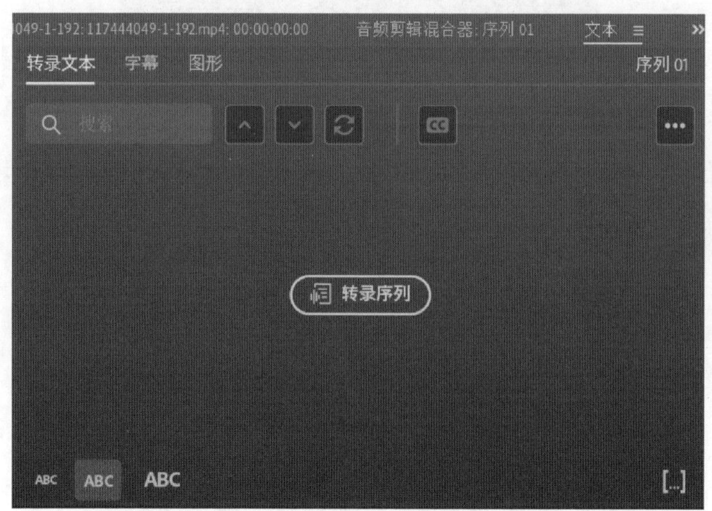

图6-19

单击“转录序列”按钮，在弹出的“创建转录文本”对话框中，选择需要转录的语言，一般选择简体中文，也可以根据需要选择英语或其他语言。在“音频分析”选项组中，如果提供的素材源文件中有多段音频，但只需要其中一段，可以根据情况选择音轨，若要对音频都进行转录，则选择“混合”，如图 6-20 所示。单击“转录”按钮，系统将自动对音频进行转录。

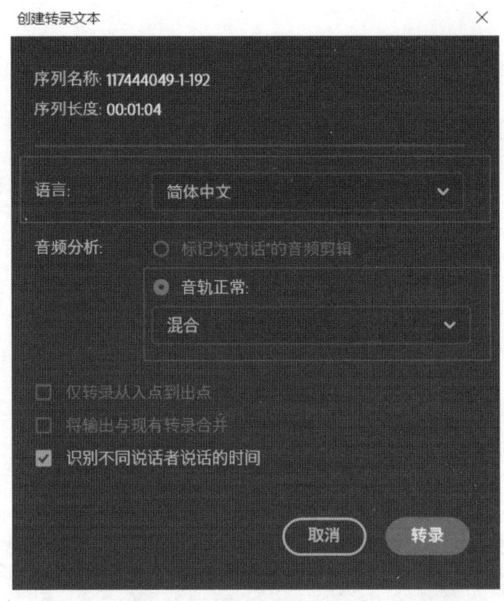

图6-20

转录好后，“转录文本”选项卡中会出现音频文本，如图 6-21 所示，也可在此对不准确的文本内容进行调整。

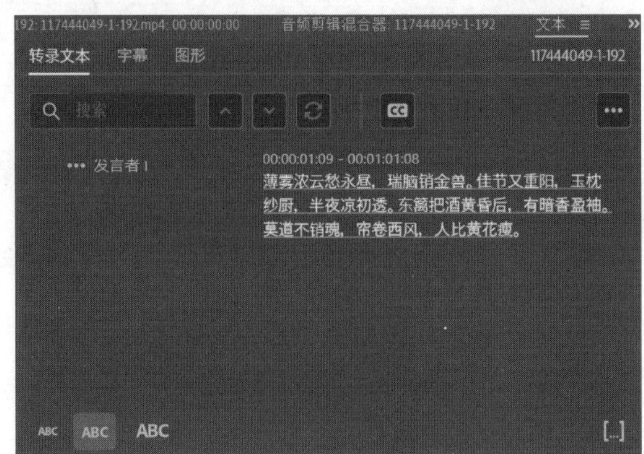

图6-21

“转录文本”选项卡中包括“拆分区域”“合并区域”“创建说明性文字”等工具，如图 6-22 所示。

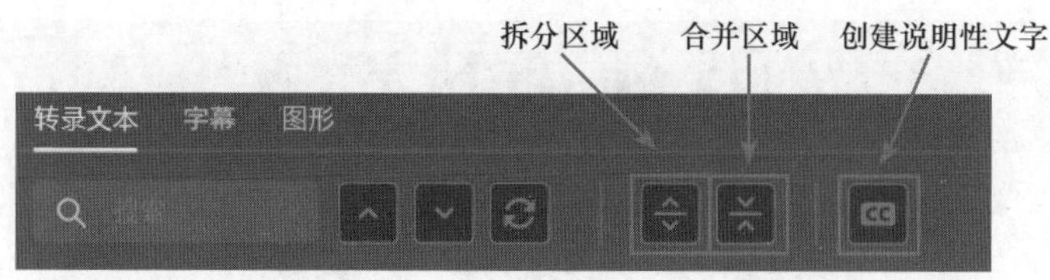

图 6-22

“拆分区域”和“合并区域”按钮分别用于对转录的整段文本进行拆分或合并，“创建说明性文字”按钮则可用于按照转录文本新建字幕。单击“创建说明性文字”按钮，在弹出的“创建字幕”对话框中，指定字幕的最大长度、最短持续时间、字幕之间的间隔以及行数等，如图 6-23 所示。

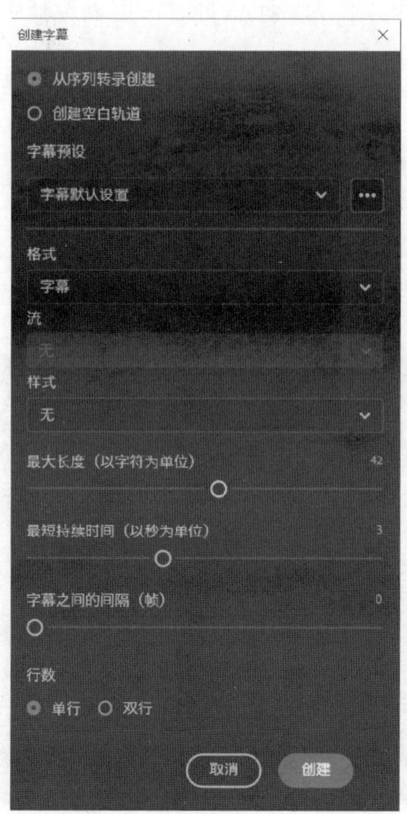

图6-23

设置好后，即可进行创建。创建后的效果如图 6-24 所示。

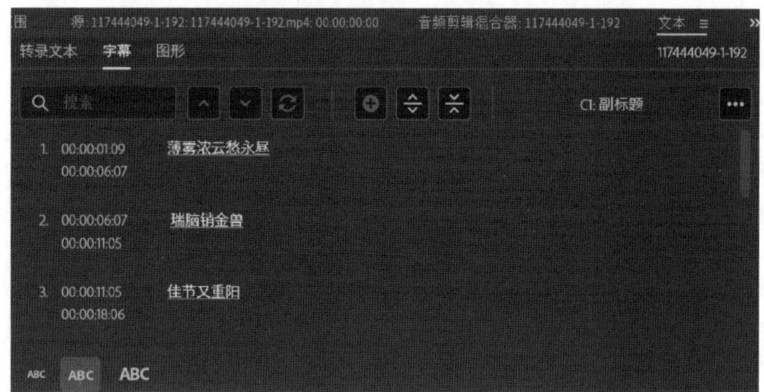

图6-24

当没有合适的音频可以作为转录依据时，可以选择手动添加字幕，这类似于旧版 Premiere 的开放式字幕，在合适的位置添加字幕，并调整字幕时长。具体操作如下。

在“文本”面板中，选择“字幕”标签，在“字幕”选项卡中，单击“创建新字幕轨”按钮，创建字幕轨道，如图 6-25 所示，或者从菜单栏中选择“序列”→“字幕”→“添加新字幕轨道”命令，创建字幕轨道。

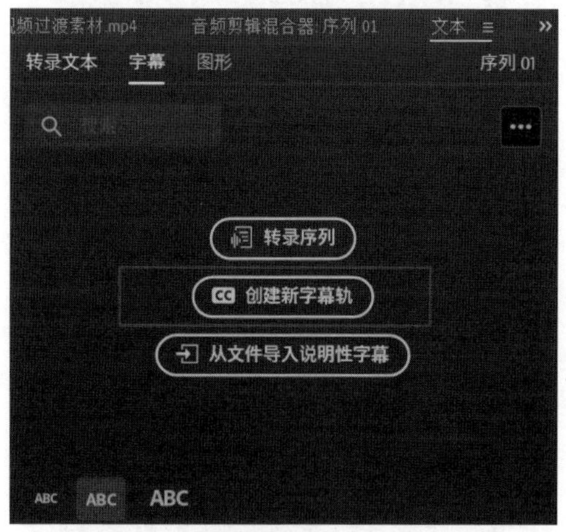

图6-25

在“字幕”选项卡中，单击“新建字幕”按钮，如图 6-26 所示，新建的字幕的默认起始点是在时间轴上播放指示线所在的位置，修改文本内容，并调整字幕所在位置和时长，即可为视频添加字幕。

图6-26

2. 使用“文字工具”

在“基本图形”面板（见图 6-27）中，选择“编辑”标签，在“编辑”选项卡中，“文字工具” T 一般适用于添加比较独立的文字，例如小标题、片头、片尾等区别于底端字幕的文字。用“文字工具”添加字幕的方法如下。

在 Premiere 中，将素材拖入时间轴，选择工具栏中的“文字工具”，在“节目”面板中，框选需要添加文字的位置，并在框内输入需要添加的 文字，如图 6-28 所示。使用“选择工具”可以调整文字位置和文本框大小，并可以在时间轴中调整文字出现和持续的时间。

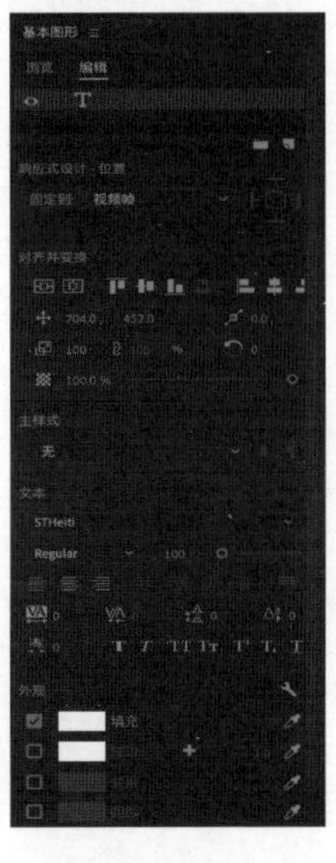

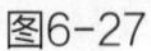
图6-27

图6-28

6.2.2 设置字幕样式

在添加好字幕后，可以对字幕的外观和位置进行调整，包括设置字体、调整文字线条粗细、添加下画线等基本操作。除此之外，“基本图形”面板还有一些额外的位置和样式设计，如图 6-29 所示。本节介绍如何使用“基本图形”面板中的“对齐并变换”与“外观”功能设置字幕样式。

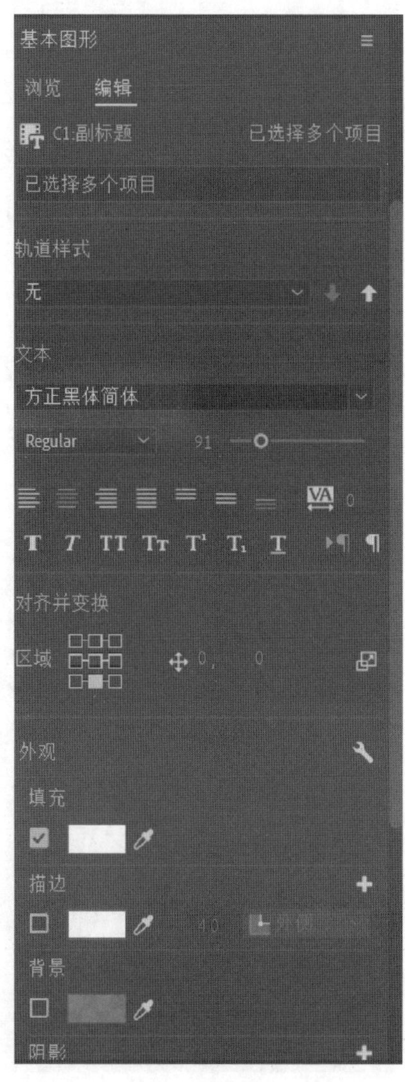

图6-29

1. 对齐并变换

在 Premiere 中，使用“对齐并变换”功能将画面划分为 9 个区域，可以将一个或多个字幕快速放到需要的位置。选中需要调整位置的字幕，选择正下方的位置区域，并通过右侧的坐标值微调字幕在该区域的位置。选择中间区域的效果如图 6-30 所示。

图6-30

2. 外观

“外观”功能用于对字幕进行更个性化的调整，包括填充、描边、背景和阴影等，可以根据需要和短视频风格进行调整。具体调整方法如下。

在 Premiere 中，选中需要调整的文字，在右侧的“基本图形”面板中，将字幕字号适当调大，创建白色文字、深色描边、白色阴影的效果，如图 6-31 所示。

图6-31

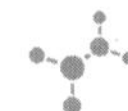

3. 文字图形的效果叠加

文字图形与其他图片、视频素材一样，可以进行效果叠加，如图 6-32 所示。

图6-32

6.2.3 创意字幕

在视频中，除了作为旁白文本出现在画面下方之外，字幕还有很多使用场景，如创意字幕。本节介绍常用的创意字幕（滚动字幕、逐字字幕和霓虹灯字幕）的制作方法。

1. 滚动字幕

滚动字幕一般用于制作视频结尾的演职员名单，可以结合“文字工具”实现，具体操作如下。

在 Premiere 中，使用“文字工具”将需要添加滚动效果的字幕添加在画面中，在“Lumetri 颜色”面板中，选中文字图形，在“基本图形”选项组中勾选“滚动”复选框，即可实现字幕滚动，如图 6-33 所示。

2. 逐字字幕

在视频制作中，有时需要用到类似于打印机那样逐字逐行出现的字幕效果，如图 6-34 所示。这可以通过以下操作实现。

图6-33

图6-34

在 Premiere 中，先用“文字工具”将需要添加效果的第一行文字添加到画面中，再添加“裁剪”效果，移动播放指示线到文字起始点，因为大多数人的写字习惯为从左到右，所以要做出文字从左到右逐渐展现的效果。接下来，单击“裁剪”效果中“右侧”效果的“切换动画”按钮，添加关键帧，将数值调大，使文字全部消失，如图 6-35 所示。

接下来，调整播放指示线到文字需要全部显现的位置，添加关键帧并将“右侧”效果的数值调小，至文字全部显现，如图 6-36 所示，就可以实现文字逐字展现的效果。

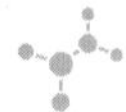

图6-35

图6-36

3. 霓虹灯字幕

霓虹灯字幕效果类似于街市中持续发光的灯管、灯牌的效果，如图6-37所示。这种字幕效果适用于短视频片头、场景转换的过渡，以及片尾微标等。

霓虹灯特效　　霓虹灯特效

图6-37

具体实现方法如下。

在 Premiere 中，先用“文字工具”输入文字，进行基础调整并将其复制两次，把 3 行文字分别放在不同的轨道中，然后延长其中一层的时间，将多余的部分用“剃刀工具”分割出来作为闪灯时的关灯效果图层，如图 6-38 所示。

图6-38

给轨道 1 和轨道 2 中的文字添加“快速模糊”效果。调整轨道 2 中的“视频模糊”效果，将“模糊度”调为“30.0”，作为灯管自身的光效，如图 6-39 所示。同理，将轨道 1 的“快速模糊”效果的“模糊度”调为“300.0”，让画面呈现发散灯光的效果。

选中轨道 3 中的文字，在“Lumetri 颜色”面板的 RGB 曲线中，将白色曲线向上拖曳，实现霓虹灯亮灯的效果，如图 6-40 所示。

图6-39

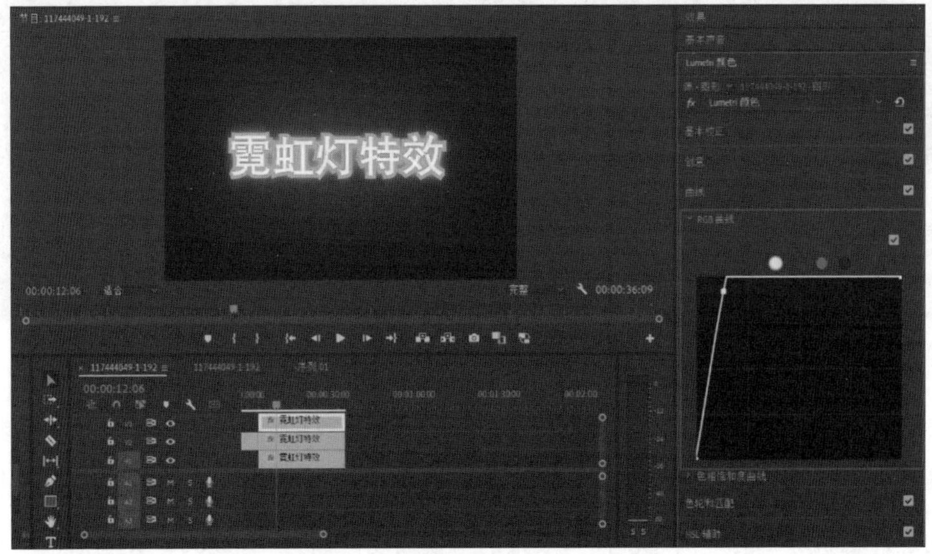

图6-40

选中 3 条轨道的图层并进行嵌套。3 个图层会在轨道 1 上合并为一个图层，如图 6-41 所示。

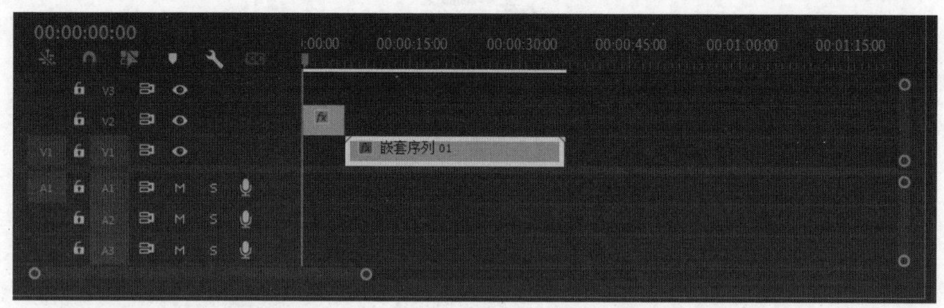

图6-41

接下来，制作霓虹灯频闪的效果。将开始预留的关灯效果图层拉长，用“剃刀工具”分割并隔段删除，再使嵌套图层对齐上方图层的位置并进行分割，将重叠的部分删除，如图 6-42 所示。至此，一个霓虹灯字幕特效就制作完成了。

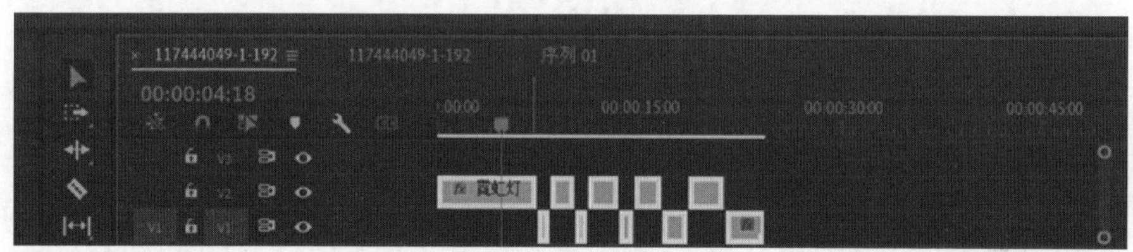

图6-42

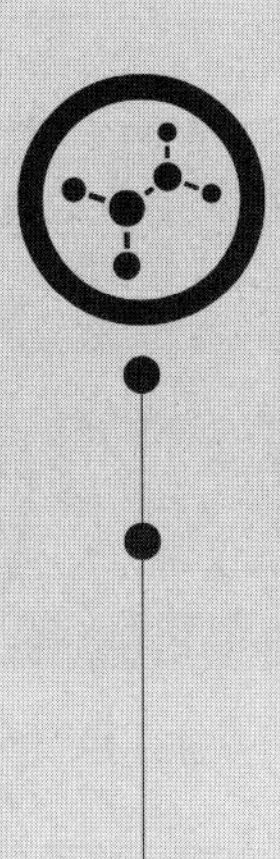

第 7 章
导出——契合发布平台

制作好短视频后，就可以进入导出阶段了。如果想让作品更广泛地传播出去，可以选择将短视频发布到互联网的各个平台上，获得用户的关注，实现流量变现。本章将分别讲解使用剪映和 Premiere 导出短视频的方法。

7.1 在剪映中导出

在剪映中，导出就是将制作好的视频提取出来，保存到本地，可以随时在相册中进行预览，也可以将其发布到互联网上，分享给好友。另外，剪映提供导出为视频和 GIF 动图两种导出方式。本节介绍这两种导出方式。

7.1.1 导出为视频

1. 导出与分享

在剪映中，导出制作的视频非常快捷。导出的方法如下。

在剪映中，选择“视频”标签，在视频剪辑界面的右上角，单击“导出”按钮，即可导出视频，如图 7-1 所示。

图7-1

提示 在等待过程中不要锁屏或切换程序，否则会造成导出失败。

导出完成后，视频将自动保存到相册和草稿中。在剪映中完成剪辑的视频可以直接发布到抖音和西瓜视频上。单击“抖音”按钮并勾选“同步到西瓜视频”复选框，即可将视频同时分享到抖音平台和西瓜视频平台，也可以将视频单独分享至某一平台，如图 7-2 所示。

单击“更多”按钮，还可以将视频分享至“今日头条”和“番茄小说”，如图 7-3 所示。或者直接单击“完成”按钮，结束此次剪辑，只将视频保存到本地。

图7-2

图7-3

2. 导出设置

在短视频导出后，若出现成品视频画质模糊的情况，就可以重新设置导出画质，导出高清视频。

在“导出”按钮旁有“1080P”上三角按钮，单击该按钮，会弹出导出设置选项组，如图 7-4 和图 7-5 所示，在这里可以对待导出的视频的画质进行设置。导出设置选项组可用于设置分辨率、帧率、码率。其中，分辨率最低为 480P，最高为 4K，帧率最低为 24f/s，最高为 60f/s。智能 HDR 和文件大小会根据素材自动进行设置。分辨率和帧率越高，视频清晰度越高。

提示 导出设置界面只能在素材清晰的情况下调整高清程度，若素材模糊，通过导出设置无法将模糊的素材变清晰。

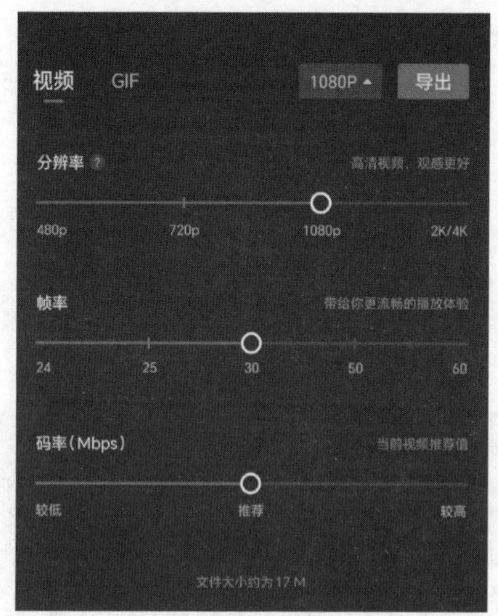

图7-4

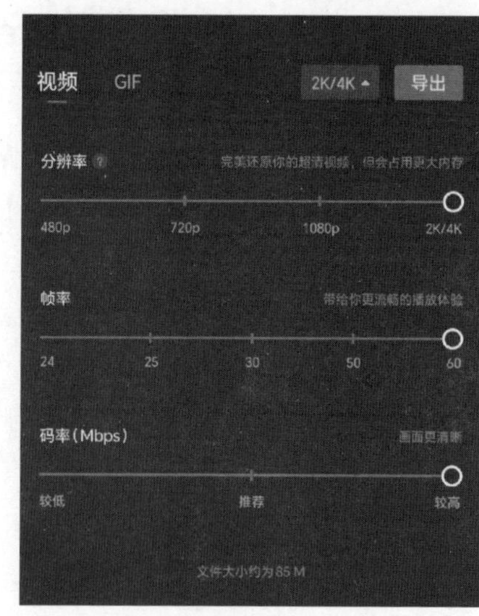

图7-5

7.1.2 导出为 GIF 动图

剪映还有将视频导出为 GIF 动图的功能。GIF 动图可以使用在网站或微信表情包中。具体操作方法如下。

在剪映中，在需要导出为 GIF 动图的视频剪辑界面中，单击右上角的“导出”按钮旁边的“1080P”上三角按钮，选择“GIF”标签，即可导出 GIF 动图，如图 7-6 所示。调整为 GIF 后依然可以对视频进行修改，此时右上角的“1080P”也变为“GIF”，如图 7-7 所示。

图7-6

图7-7

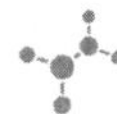

7.2 在Premiere中导出

在 Premiere 中，完成短视频剪辑操作后，可以快速导出视频。在导出视频时，不仅可以设置视频的导出类型和导出格式，还可以进行项目打包等操作。本节介绍常用的导出格式、项目导出方法以及项目打包方法。

7.2.1 常用的导出格式

在 Premiere 中，可选择的导出格式如图 7-8（未显示全部格式）所示。

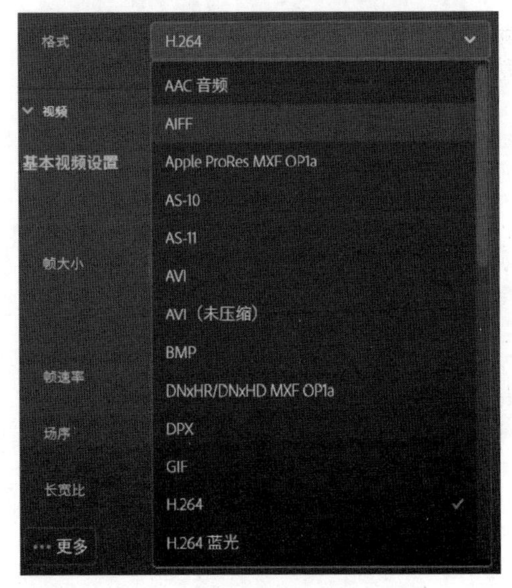

图7-8

常用的导出格式如下。

- AIFF（Audio Interchange File Format，音频交换文件格式）：将视频的声音部分输出为 AIFF 音频，适合与各种剪辑平台进行音频数据交换。
- GIF（Graphic Interchange Format，图形交换格式）：将视频输出为动态图片文件，适用于网页播放。
- QuickTime：将视频输出为 MOV 格式的数字电影，方便与苹果公司的 macOS 系列计算机进行数据交换。
- AVI（未压缩）：将视频输出为不经过任何压缩的 Windows 平台数字电影，适用于保存高质量的影片数据，文件较大。
- 音频波形文件：只输出视频中的声音，将其输出为 WAV 格式音频，适合与各平台进行音频数据交换。
- H.264：将视频输出为高性能视频编解码文件，适合输出高清视频和录制蓝光光盘。

• PNG、Targa、TIFF：输出单张静态图片或者图片序列，适合与多平台进行数据交换。

• MPEG4：将视频输出为压缩比较高的视频文件，适合在移动设备上播放。

• MPEG2、MPEG2-DVD：将视频输出为 MPEG2 编码格式的文件，适合录制 DVD。

• Windows Media：将视频输出为微软专有流媒体格式，适合在网络和移动设备上播放。

7.2.2 项目导出

在 Premiere 中，调整界面的布局，将“导出”选项卡与“导入”选项卡、“编辑”选项卡共同放置在菜单栏下方，方便随时进行导出，“导出”选项卡如图 7-9 所示。本节将讲解在 Premiere 中导出视频的流程，以及导出其他指定素材的方法。

图7-9

1. 导出视频

在 Premiere 中，选择要导出的序列，选择“导出”标签，打开“导出”选项卡，如图 7-10 所示，也可以选择“文件”→“导出”→“媒体”命令或按 Ctrl + M 快捷键切换至导出模式。

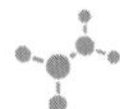

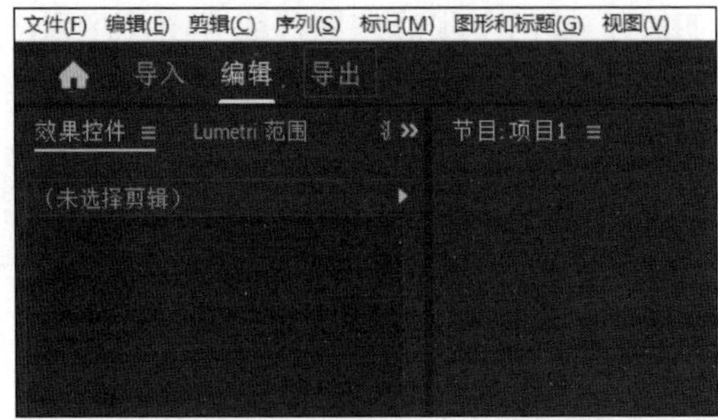

图7-10

Premiere会根据导出目标提供优化的导出设置。可以接受默认的H.264预设（见图7-11），或从“预设”下拉列表中选择需要的预设，如图7-12所示。另外，还可以自定义导出设置，并保存自定义预设。

图7-11

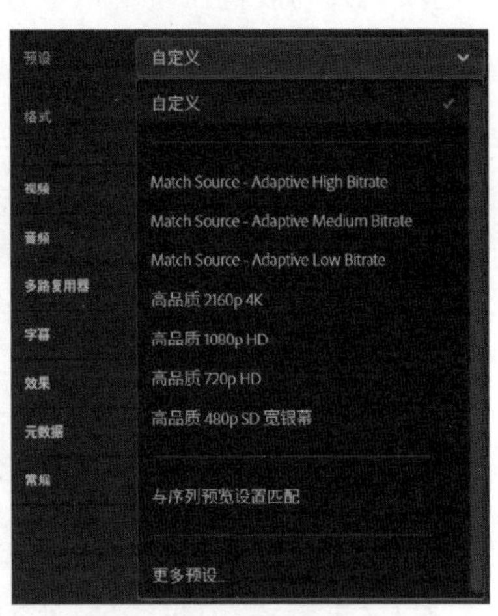

图7-12

提示 可以通过“导入预设”或“更多预设”打开“预设管理器”，管理常用的预设列表。

虽然对所有导出选项都可以进行单独的设置，但匹配源的预设（带Match Source字样）通常是最佳选择。这些是自适应预设，它们使用与源序列相同的帧大小、帧速率等。选择带High Bitrate（高比特率）的预设，可以高质量导出视频。

可以在“预览”面板中预览、拖动和回放视频，设置自定义的持续时间。如果导出为不同的帧大小，还可以控制源视频以适应输出帧的方式。使用“范围”可自定义导出视频的持续时间，如图 7-13 所示。

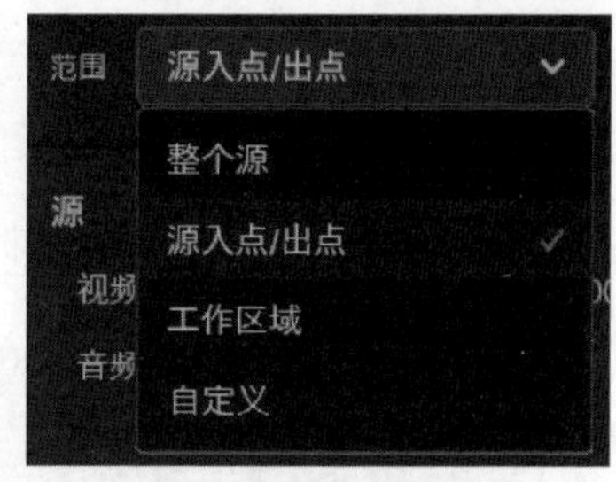

图7-13

“范围”可定义的内容如下。

- **整个源**：用于导出整段序列的全部内容。
- **源入点 / 出点**：如果在序列或剪辑中设置了入点、出点，则会将这些设置导出，如图 7-14 和图 7-15 所示。

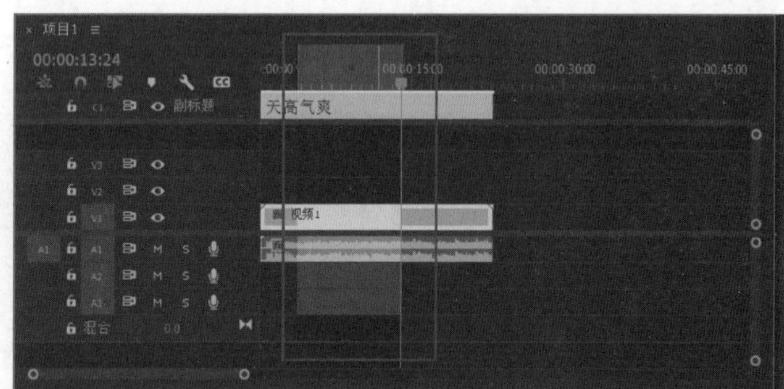

图7-14

图7-15

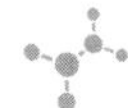

- **工作区域**：用于导出工作区域栏的持续时间（仅限序列）。
- **自定义**：采用在导出模式下设置的自定义入点、出点，如图 7-16 所示。选择自定义模式后，移动鼠标指针至出现“标记点”，即可通过左右拖曳进行调整。

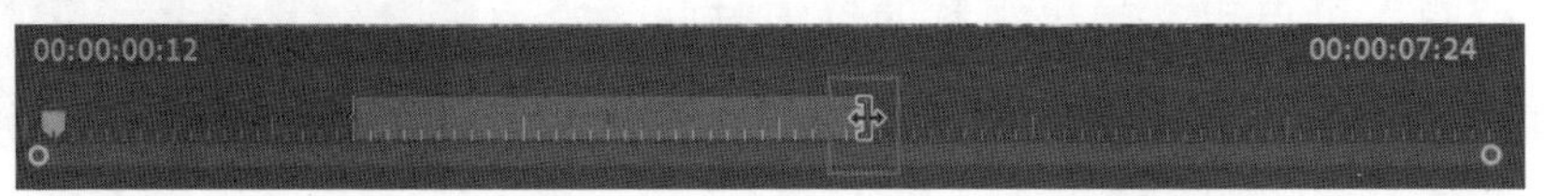

图7-16

在“预览”面板中，“缩放”下拉列表用于在导出为不同的帧大小时，调整源视频以适应导出帧的方式。“缩放”下拉列表中可选择的选项如下。

- **缩放以适合**：调整源文件大小，以适应输出帧，不会出现任何失真或裁剪的像素。可能会出现黑条，如图 7-17 所示。

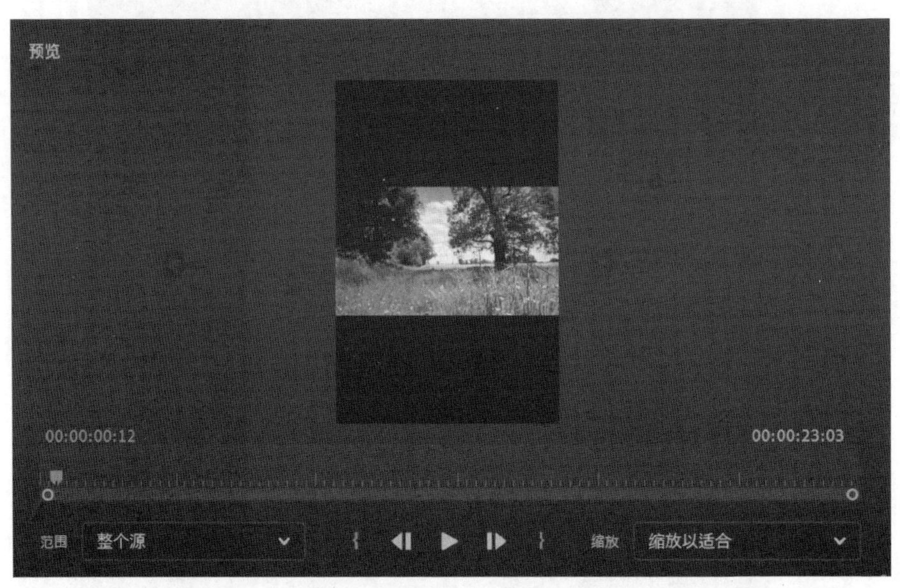

图7-17

- **缩放以填充**：调整源文件大小，使其完全填充输出帧，而不出现黑条。可能会裁剪一些像素，如图 7-18 所示。
- **拉伸以填充**：拉伸源文件以完全填充输出帧，不会出现任何黑条或裁剪的像素。但这种方式不会保持画面宽高比，因此视频可能会失真，如图 7-19 所示。

图7-18

图7-19

单击“导出”按钮，后台会对导出的文件进行渲染、保存，此时依然可以返回 Premiere 中继续工作。

2. 导出指定素材

Premiere不仅可以将制作的视频整体导出，还可以根据需要单独导出部分素材、导出音频、导出字幕等。接下来，讲解导出指定素材的方法。

当需要导出单个素材时，可以使用“标记”功能进行选取，对应的快捷键为/。在Premiere中，选中需要导出的素材，从菜单栏中选择“标记”→“标记选择项”命令，如图7-20所示，在“项目1”面板中，导出选中的素材。

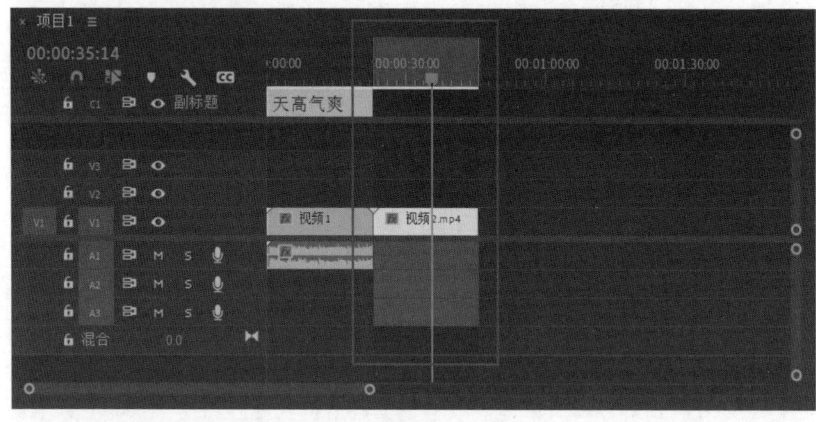

图7-20

若想导出视频的一部分，也可以利用“标记”菜单下的“标记入点”和“标记出点”框选视频片段，进行导出，对应的快捷键分别是I和O，如图7-21所示。

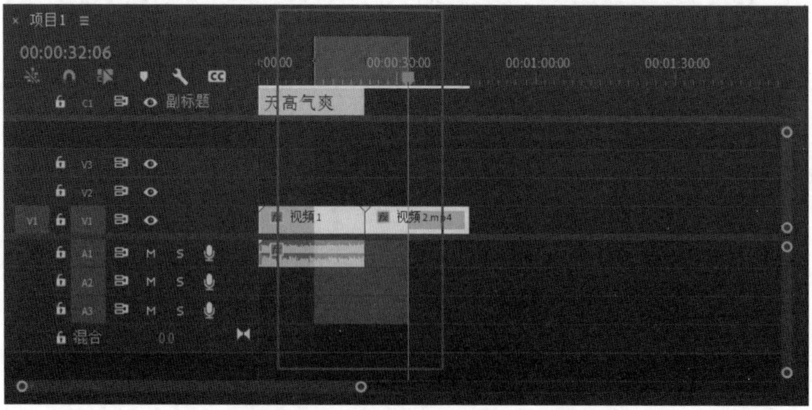

图7-21

在 Premiere 中单独导出音频的方法十分简单，具体操作如下。在 Premiere 中，在“导出”选项卡中，将“格式”设置为“MP3”或其他音频格式，下方不会出现“视频”选项卡，对音频进行设置后导出即可，如图 7-22 所示。

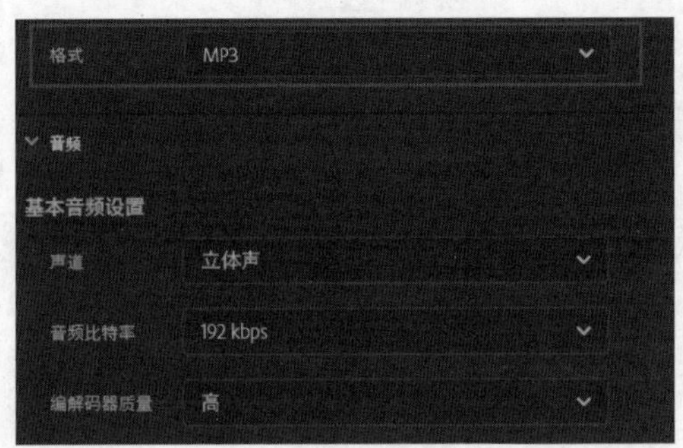

图7-22

提示 若只想导出其中一条轨道上的音频，则将其他轨道上的音频暂时静音即可。在 Premiere 中录制了画外音的音频将自动保存在设置的文件夹中。

在 Premiere 中，选中需要导出字幕的序列，从菜单栏中选择“文件”→“导出”→“字幕”命令，会弹出该序列的字幕设置对话框，如图 7-23 所示。设置之后，单击“确定”按钮，即可自定义字幕文件保存位置并导出。

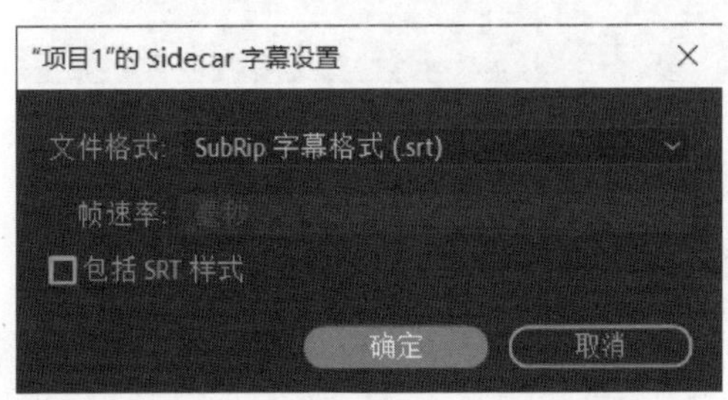

图7-23

导出静止画面是指将视频中的一帧单独导出，一般用于制作视频的封面，具体操作方法如下。

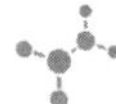

在 Premiere 中，选择需要导出的视频画面，在“节目”面板下方，单击工具栏中的“导出帧”按钮，对应快捷键为 Ctrl+Shift+E，如图 7-24 所示。

图7-24

在弹出的“导出帧”对话框中，修改帧的名称、格式和路径，如图 7-25 所示。

图7-25

7.2.3 项目打包

Premiere 提供了便捷的项目打包工具，可以对编辑完成的项目文件以及素材文件进行打包，生成单独的文件夹，分类存储与传递。

在 Premiere 中，从菜单栏中选择“文件”→“项目管理”命令，在弹出的“项目管理器”对话框中进行设置，如图 7-26 所示。单击“确定”按钮，生成与新的项目相关的素材文件。

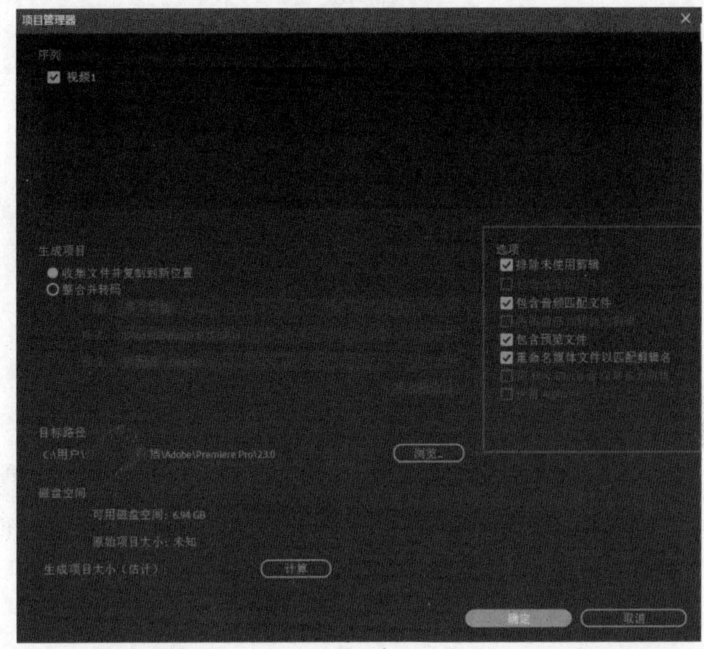

图7-26

“项目管理器”对话框中的常用选项如下。

- 收集文件并复制到新位置：对项目中所用到的素材进行复制并将其整合到一起，为不同的打包方式设置支持的选项。
- 排除未使用剪辑：项目中没有使用到的素材将不会被打包。
- 包含预览文件：将项目编辑过程中生成的预览文件一并打包，使原有项目中渲染过的部分依然处于渲染完成状态。

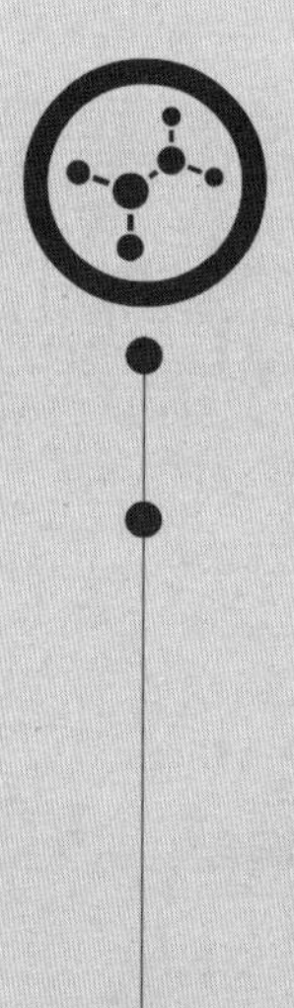

第 8 章
综合案例——旅拍 Vlog

Vlog 即视频博客，而旅拍 Vlog 是一种记录个人旅行的视频博客类型。其内容通常包括旅行地的景点镜头，以及旅行者的经验和想法。在短视频平台中，许多专业的旅行博主很受大众的喜爱。热门旅行视频的优点包括主题鲜明、画面简洁、视频节奏恰当、内容能展现旅游目的地的特色等。

本节介绍如何用 Premiere 制作炫彩万木源乡村旅游景区（后简称万木源）的旅拍 Vlog，即在原有视频素材的基础上，对素材进行分类整理，制作脚本并进行剪辑制作，最终交付一个可发布视频。本案例以“与世隔绝的小世界”为主题，突出景区的特点。同时，要满足在抖音平台播放的视频格式要求，且时长在 3 min 以内。最终的视频效果如图 8-1 所示。

图8-1

8.1 制作前的准备

在制作之前先对素材进行筛选，选中适合的素材。首先，要对初筛过的素

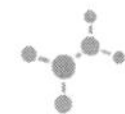

材进行反复观看，并根据场景和镜头进行分类，这样才能更好地了解素材内容，构建整体视频框架。制作前的准备分为两步，确定剪辑方向，制作脚本和文案。做好这两步，能为后期的制作确定思路，奠定基础，便于更快捷地进行剪辑制作。

8.1.1 确定剪辑方向

在开始剪辑前，要根据项目要求和素材确定视频想要表现的内容。在分析素材的过程中，要对素材进行分类，构思搭配的音乐类型、景别衔接及转场方式，确定剪辑方向。

1. 对素材进行分类整理

在反复观看素材后，结合景区介绍，发现该景区的核心景点是欧式建筑，所以将素材按照场景进行分类（见图 8-2），并大致了解各素材的景别。这样分类便于后期导入视频和拼接视频，同时在制作脚本的景别衔接时有据可依。

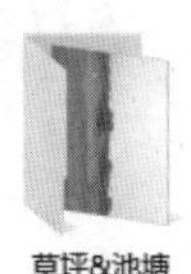

图8-2

2. 确定音乐和转场风格

视频的整体风格是温柔、轻缓，同时带有一丝欢快，因此可以使用欢快但节奏偏慢的纯音乐。同时，因为有一些场景转换的部分，所以选择的音乐的鼓点要比较清晰。因为旅拍 Vlog 不需要非常夸张、突兀的转场，所以可以以人物镜头为主要线索，结合景点场景的空镜头，选择以无技巧转场为主、顺应运镜方向转场为辅的方式，使视频整体的风格和谐。

3. 确定视频的框架

所拍摄的素材涵盖多种景点，包括近景、中景、远景等景别，使用了平拍、跟随人物移动、由虚到实等拍摄手法。可以以“桃花源”为视频主线，以第一视角走进小巷为片头，模拟误入桃花源的背景，根据入园后的游览线路，将园区内的景点连接起来，片尾使用人物站在长廊挥手的大远景，表达出告别的情绪。

8.1.2 制作脚本和文案

根据所拍摄的素材，以设定好的游园顺序作为时间次序，撰写视频制作脚本，使视频表达的内容连贯。同时，在制作时，关注景别规则以及画面内容的全面性，避免发生遗漏。

如表 8-1 所示，该视频脚本以画面中的人物为线索，穿插无人物的景区场景画面，在不同景点的基础上，采取前进式景别组合方式，使视频画面连贯、和谐。同时，配合运镜方向，使场景衔接更加连贯。

表8-1

镜号	景别	拍摄方法	画面内容	台词	时长 /s
1	全景	移镜头，逐渐从全景推至中景，第一视角	以第一视角往长廊深处走	从小，我就很向往能穿过一扇门来到另一个世界	7
2	全景	固定镜头	女孩，背影，往长廊深处走	就像《桃花源记》里的山洞，《千与千寻》里的长长的走廊	6
3	全景	移镜头，跟随人物移动	女孩，背影，走向一扇后面有隧道的门	哆啦 A 梦口袋里掏出的任意门	3
4	远景	固定镜头	女孩，背影，向走廊深处走去	还有《爱丽丝梦游仙境》里被打开的那扇门……	3
5	远景	固定镜头	女孩，背影，奔跑在一片大草原上	你找到那扇神奇大门了吗？我好像找到了	9
6	全景	固定镜头	女孩，背影，蹦蹦跳跳地在道路上走	它有着和桃花源相似的名字	4
7	中景	固定镜头	环境：花和房子	虽初不狭，复行数十步	2

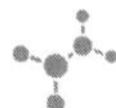

续表

镜号	景别	拍摄方法	画面内容	台词	时长 /s
8	中景	固定镜头	女孩，背影，在湖边栏杆旁	美池、桑竹也尽在其中	6
9	远景	固定镜头	白色城堡的全貌	这里有白皇后明亮的城堡	4
10	全景	移镜头，跟随人物移动	女孩，背影，走向白色城堡	布满绿植，神秘而优雅	4
11	中景	固定镜头	城堡周围的装饰细节	有骑士在城门守候	3
12	全景	移镜头，跟随人物移动	女孩，背影，在花园中走，和装饰互动	也有红皇后繁复的花园	3
13	全景	移镜头，跟随人物移动	女孩，正面，在花园中走，衔接上个镜头	有麋鹿领头的马车在等候	4
14	全景	固定镜头	女孩，正面，荡秋千	也有坐上去就能忘记烦恼的秋千	2
15	中景	移镜头，从女孩移至环境	女孩，侧面，荡秋千	在吱呀作响	2
16	全景	固定镜头，平拍	环境，沿铁轨看车站全貌	有千寻在寻找希望时	2
17	全景	固定镜头	女孩，正面，坐在樱花车站边	走过的长长的铁轨	3
18	中景	固定镜头	女孩，45° 侧面，走铁轨	还有火车站	2
19	近景	移镜头，焦点从花移到女孩	女孩，45° 侧面，和樱花互动	与象征着美好的樱花	2
20	中景	移镜头，围绕主题旋转	环境，教堂旁的雕塑	以及临河的美食餐桌	3
21	远景	移镜头，旋转对焦到主题	哥特式建筑侧面，被装饰雕塑遮挡	不得不让人想起疯帽子与爱丽丝	3
22	远景	固定镜头	哥特式建筑侧面全貌	共进的下午茶	2
23	远景	移镜头，跟随人物移动	哥特式建筑正面全貌，女孩向哥特式建筑走去	而来到哥特式建筑的时候	3
24	全景	移镜头，向女孩拉近	女孩，背影，靠在哥特式建筑里的露台栏杆上	也不禁让人想起疯帽子说“为什么乌鸦像写字台”	7
25	全景	移镜头，从露台逐渐拉远	环境，露台	其实没有为什么，就像喜欢你没有理由	3

续表

镜号	景别	拍摄方法	画面内容	台词	时长 /s
26	中景	固定镜头	女孩，背影，向台阶走去	这里有符合浪漫的一切元素	2
27	全景	移镜头，跟随人物移动，仰拍	女孩，背影，向台阶走去，走到城堡边	公主的城堡	3
28	全景	移镜头，从人物为主体到以环境为主体	女孩，背影，向花海中的房子走去	盛开的花海	3
29	远景	固定镜头	女孩，正面，在热气球上	飞向希望的热气球	3
30	全景	固定镜头	在拍婚纱照的人们	还有追求幸福的人们	3
31	特写	移镜头，从车身移至方向盘	女孩的手在方向盘上	和想要逃离城市	2
32	中景	移镜头，手持，表现颠簸	女孩，侧面，在开车，表达开心的情绪	逃离喧嚣	3
33	全景	移镜头，以人物为主体拉远	女孩，侧面，坐在房车后的梯子上，表达开心的情绪	逃离压力的我们	3
34	中景	移镜头，第一视角和人物一起移动	女孩，背影，拉着镜头在草地上奔跑	愿我们都可以来到万木源	3
35	全景	移镜头，与人物往不同方向移动	女孩，背影，走在色彩鲜艳的道路上	在这个与世隔绝的小世界	4
36	远景	固定镜头	教堂，女孩在哥特式建筑旁边的露台上挥手	找到幸福，找到自己	7
37	文字	—	对万木源的介绍	—	4

根据项目要求和视频风格，在构建好视频脚本框架后，编写视频文案，并将其大致放置到脚本当中，便于后期录制画外音。因为主题为“与世隔绝的小世界”，所以可结合素材内容进行联想，对整体视频进行创作。

8.2 剪辑制作

做完前期准备后，就可以根据脚本进行视频的后期剪辑制作了。后期的剪辑

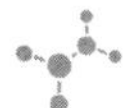

制作包括粗剪和精剪。粗剪主要是指将素材按脚本计划进行导入拼接，并大致剪辑素材，保留关键画面；精剪则是指对视频进行调色、导入音乐、添加转场特效、录制画外音、添加字幕，以及检查并导出等。本节介绍旅拍 Vlog 的剪辑制作。

8.2.1 粗剪

此案例的发布平台为抖音，所以要先新建抖音平台主流的竖版视频样式，将素材导入分类好的素材箱中，如图 8-3 所示，并将素材按脚本设计的顺序拖入时间轴中。

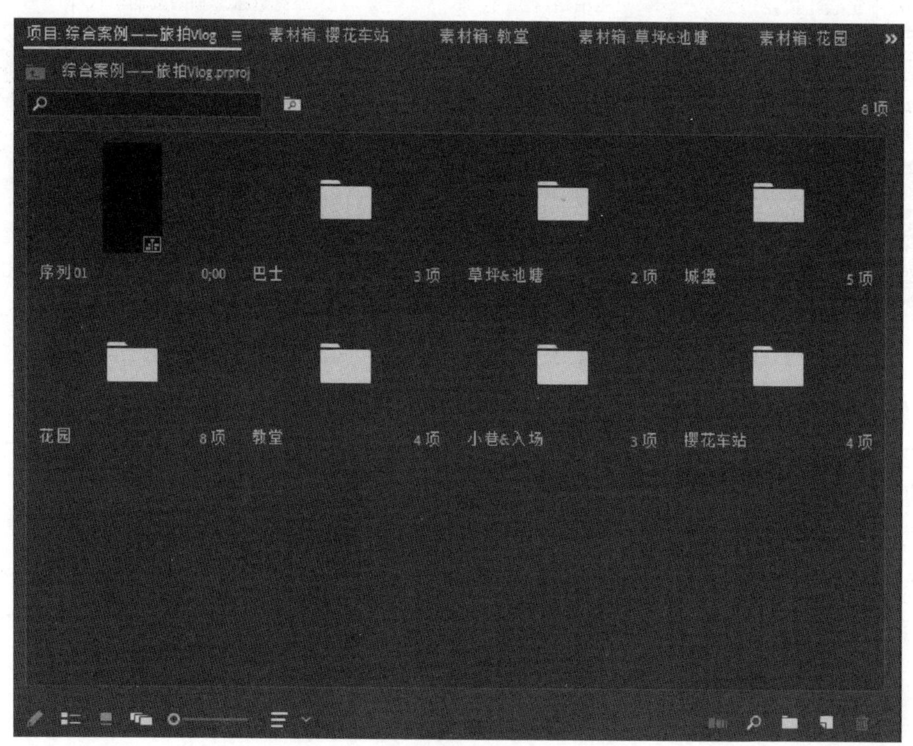

图8-3

因为素材的拍摄方向为横向，所以先要将素材批量旋转并缩放。可以先将一个素材的角度调整好，复制该素材后，选中其他序列上的素材，进行效果粘贴，这样全部的素材方向都会旋转过来。然后，根据脚本中估计的时长，对素材进行截取，保留需要的画面。根据脚本，进行整体检查，要求视频画面流畅，景别衔接顺畅，拼接后能大致表达出设计时想表现的故事感，并能展现景区的特点。最后，将视频与音频的链接取消，并删除素材波纹。最终的粗剪效果如图 8-4 所示。

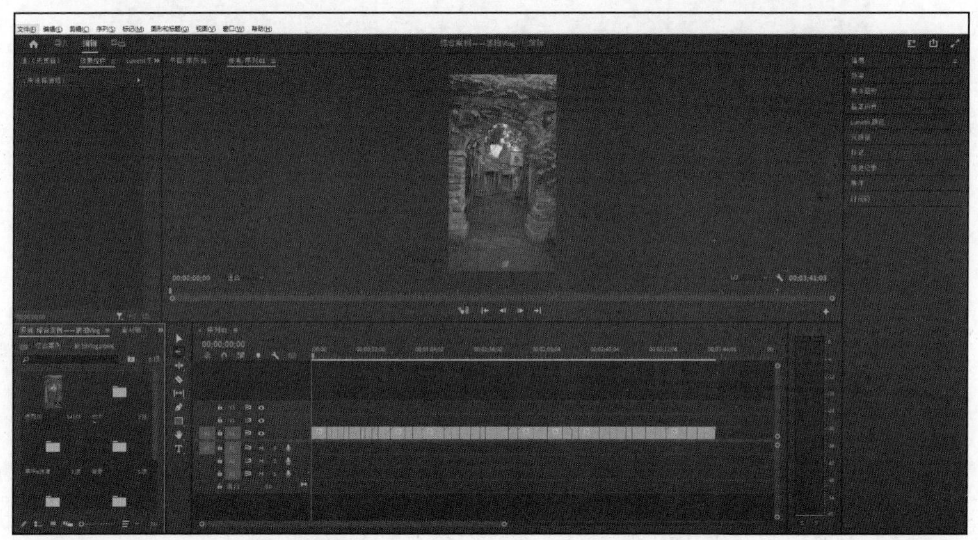

图8-4

8.2.2 精剪

粗剪后将对视频进行调色、导入音乐、添加转场特效、录制画外音以及添加字幕等操作，最终完成一个满意的视频项目。

1. 调色

首先，对视频进行整体调色。分析素材整体色调（拍摄时天气不佳导致素材偏暗），结合调色分析工具和颜色工具，对视频进行初步调色，提高曝光度和对比度，减少阴影，并提高饱和度。因为素材画面想展现出绿草红花的效果，所以适当调整色温和色相，这样可以在不失真的情况下，还原景区的色彩，效果和属性设置如图 8-5 所示。

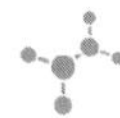

图8-5

然后，分析视频风格，进行个性化调色。视频大致分为两部分。前半部分要表现神秘感，颜色可以在调色的基础上适当调暗，让色调偏蓝、绿一些，如图 8-6 所示。后半部分表现欢快感、温馨感，同时视频中包含大量的自然景观，可以选择一个适合画面的滤镜并调整其强度，再适当对曲线进行调节，让这两段素材有所对比，为视频营造轻松、欢快的氛围，如图 8-7 所示。

图8-6

图8-7

整体调色是指根据一个素材对所有素材进行调整，能保证风格的统一，但不能将所有素材调至合适的效果。因此，在整体预览时，要调整不合适的片段：对于光线足的片段，调低曝光度，减少白色；对于色彩过于鲜艳的画面，降低饱和度；若选用的滤镜导致蓝色偏离色相，可以用“吸管工具”选中相应的蓝色，用曲线调整其色相。这些方法可以让视频的色彩问题得到解决，同时在统一视频风格的基础上，让不同素材的效果变得更好。问题画面调色前后的对比如图 8-8 和图 8-9 所示。

图8-8

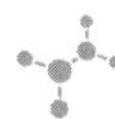

图8-9

2. 导入音乐

接下来，导入选好的背景音乐。因为脚本中设计的场景风格分为误入桃花源和在景区中游玩两部分，所以选取了两段音乐。先播放较神秘的音乐，再转换为温馨、快乐的音乐，让视频表现情绪的变化，增加视频的趣味性。

导入音乐后，根据视频的节奏，对素材进行二次剪辑，将音乐的重拍鼓点与素材衔接对应，让视频更加富有节奏感。另外，根据音乐节奏的转换和视频整体节奏的变换需要，在关键的部分对素材进行变速调整，让视频的节奏有快慢变换的错落感。

最后，给音乐添加淡入淡出的效果。添加音乐后的轨道如图 8-10 所示。

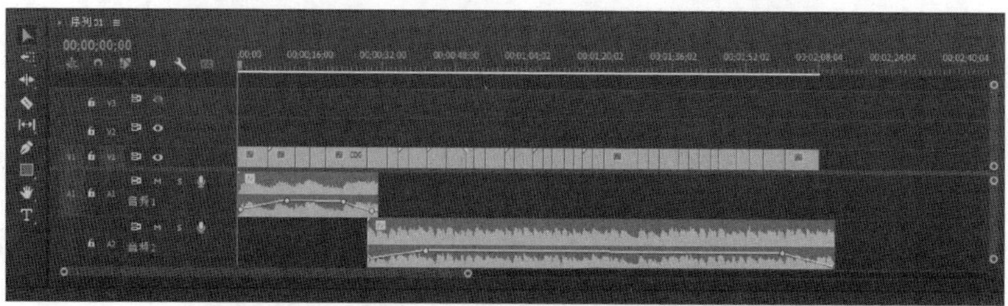

图8-10

3. 添加转场特效

导入音乐并对素材进行二次剪辑后，基本固定了素材的时长和整体的视频框架。接下来，在素材衔接处添加转场特效。因为视频的主要内容为景点旅行，所以可以在大场景的转换中添加一些关键性转场特效，添加的其他转场特效的风格也以自然为主，不要过于突兀，并且根据音乐鼓点，调整转场特效的开始位置。添加转场特效后的轨道如图 8-11 所示。

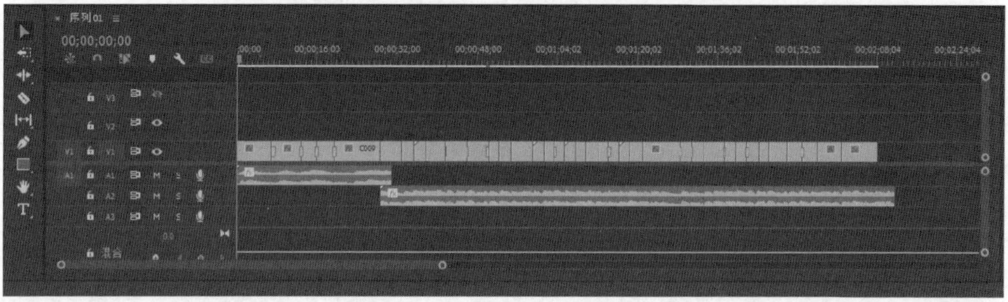

图8-11

4. 录制画外音

在调整好整体视频后，它可能会和脚本中的设计有些许出入，所以要调整文案内容和文案所在画面，保证画外音的录制连贯、不卡顿。因为视频中片头和之后的风格有反差，所以在录制画外音时也要有一些情绪上的对比。整体录制完成的画外音轨道如图 8-12 所示。

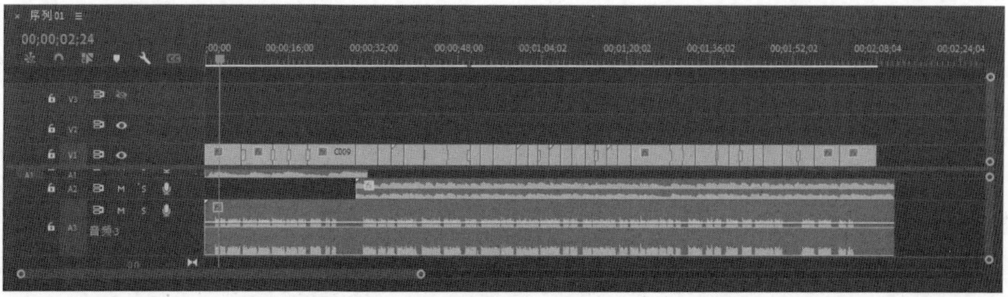

图8-12

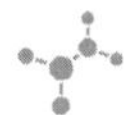

提示 当一整段画外音录制结束后，可以用“剃刀工具”裁剪出不满意的画外音，重新录制。

因为这个案例的主要要求是突出景区特色并且进行介绍，所以画外音要对应所展现的画面。整体预览视频后，将音画不同步的地方标注出来，将整段音频按断句分割成多个音频片段，并根据画面内容移动音频位置，以此保证音画匹配，达到介绍景区景点的目的。最后确定的画外音轨道如图 8-13 所示。

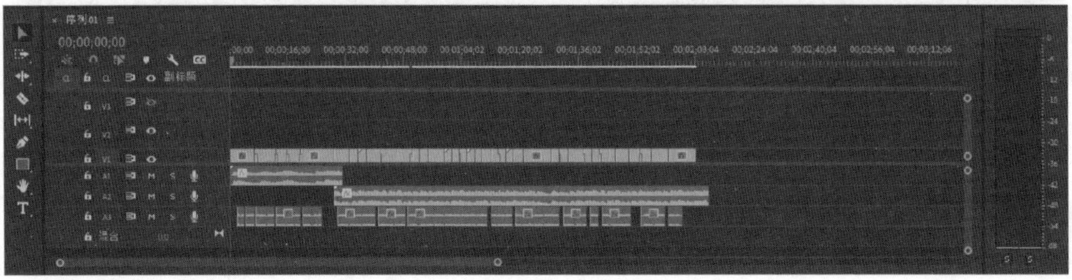

图8-13

5. 添加字幕

首先，使用音频转字幕的功能，对画外音的音频轨道进行文字转换，并以单行的形式将其添加进视频中，这样添加的字幕与音频的时间轴是重合的，在提高剪辑效率的同时，也能改善视频的观感。

然后，调整字幕的位置和样式。此视频的风格是温馨、平淡的，且视频下方的颜色以深色为主，没有过多关键性内容，所以在设置时可将字幕放置于画面下方，并调整字幕样式为白色伴有阴影，如图 8-14 所示。

这样的字幕样式比较通用，具有很好的观看体验。

接下来，给视频的末尾部分制作一个黑屏，添加对万木源的介绍。完成后期剪辑制作的效果如图 8-15 所示。

图8-14

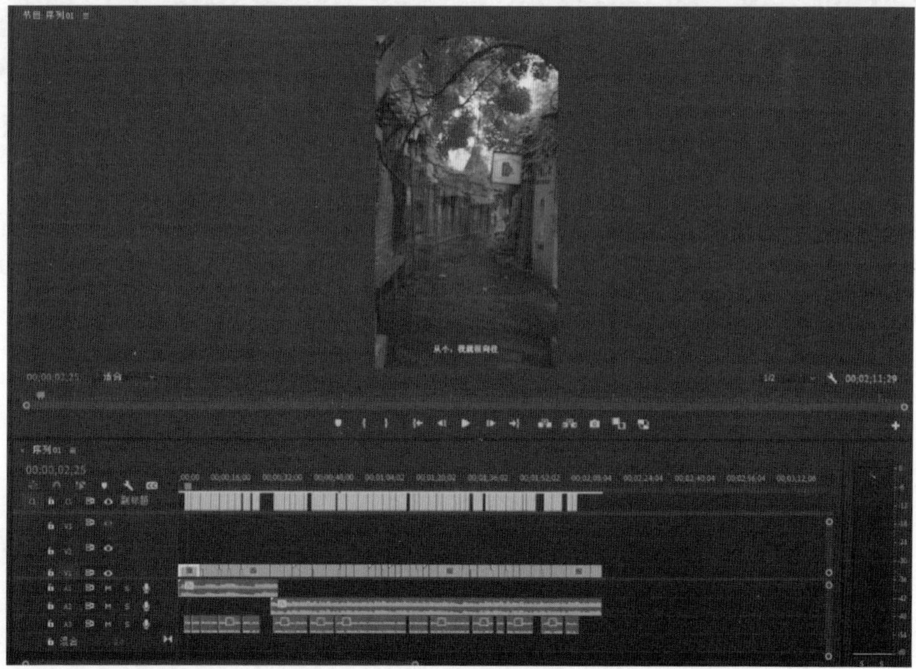

图8-15

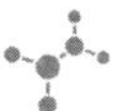

6. 检查并导出

整体浏览视频，检查无误后进行导出，如图 8-16 所示。检查视频的帧大小是否符合上传平台的要求，根据计算机配置和任务要求，进行相关设置并导出。至此，该案例就完成了。

图8-16